机械制造

与维修应用

谢光洪　　侯小琴　　刘广生　　主编

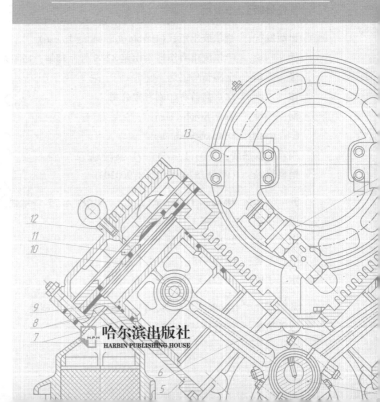

哈尔滨出版社
HARBIN PUBLISHING HOUSE

图书在版编目（CIP）数据

机械制造与维修应用／谢光洪，侯小琴，刘广生主编. -- 哈尔滨：哈尔滨出版社，2025. 1. -- ISBN 978-7-5484-8007-5

Ⅰ. TH

中国国家版本馆 CIP 数据核字第 2024EG8123 号

书　　名：**机械制造与维修应用**
JIXIE ZHIZAO YU WEIXIU YINGYONG

作　　者：谢光洪　侯小琴　刘广生　主编
责任编辑：李金秋

出版发行：哈尔滨出版社（Harbin Publishing House）
社　　址：哈尔滨市香坊区泰山路 82-9 号　邮编：150090
经　　销：全国新华书店
印　　刷：北京鑫益晖印刷有限公司
网　　址：www. hrbcbs. com
E - mail：hrbcbs@ yeah. net
编辑版权热线：（0451）87900271　87900272
销售热线：（0451）87900202　87900203

开　　本：880mm×1230mm　1/32　印张：4.75　字数：127 千字
版　　次：2025 年 1 月第 1 版
印　　次：2025 年 1 月第 1 次印刷
书　　号：ISBN 978-7-5484-8007-5
定　　价：58.00 元

凡购本社图书发现印装错误，请与本社印制部联系调换。
服务热线：（0451）87900279

编　委　会

主　编:谢光洪　黑龙江省交通干部学校

侯小琴　重庆公共运输职业学院

刘广生　陆军工程大学

副主编:黄茂启　云南轻纺职业学院

前　言

　　随着科技浪潮的汹涌澎湃和制造业的日新月异,机械制造与维修领域正站在一个崭新的历史起点上,面临着前所未有的机遇与挑战。新兴技术的崛起与迭代,不仅赋予了机械制造更高效的生产能力、更精细的制造工艺和更低的成本,还推动了维修服务向智能化、快速化和精准化方向跃升。

　　在这一变革的浪潮中,对机械制造与维修应用的研究与实践显得尤为重要。它们不仅直接关系着企业的生产效率、产品质量和市场竞争力,更在某种程度上决定了整个制造业的发展速度和方向。这些技术的发展与应用,正推动着制造业从传统的生产模式向数字化、智能化和绿色化的方向转型升级,为可持续发展注入新的活力。因此,我们有必要全面而深入地探讨这些新兴技术在机械制造与维修领域的应用,以期更好地把握未来制造业的发展趋势,为企业的创新发展和行业的转型升级提供有力的支撑和指引。

　　本书内容共有五章,第一章为机械先进制造技术,主要介绍了数控加工技术、3D 打印技术以及柔性制造系统与智能制造系统。第二章为机械维修技术,主要介绍了机械失效与故障诊断、常用机械维修技术以及维修工具与设备。第三章为现代维修技术的应用,主要阐述了状态监测与故障诊断技术、远程维修与智能化维修系统。第四章为绿色制造与可持续发展,主要论述了绿色制造概念及其意义、环保材料在机械制造中的应用。第五章为机械制造与维修的实践应用,主要阐述了机械制造在企业生产中的应用、机械维修在日常设备维护中的应用。

　　本书适用于所有对机械制造与维修领域感兴趣或正在从事相关工作的人士,具体包括从事机械设计、制造、维修及相关领域的工程师和技术人员,他们可以通过本书提升专业技能;职业教育与培训机构的师生可以将本书作为机械制造与维修课程的教材;对机械制造和维修感兴趣的自学者或希望转行进入该领域的人士,本书为他们提供了全面的指导。

目　　录

第一章　机械先进制造技术

第一节　数控加工技术

一、数控加工技术概述

(一)数控加工技术的概念

数控加工技术,作为现代制造业的核心技术之一,其全称为数值控制加工技术。这种技术将传统的机械制造与计算机技术相结合,为制造业带来了革命性的变革。在数控加工中,复杂的零件加工信息被精心编程成数控程序,这些程序是机床进行精确操作的"指令"。数控装置如同一个"翻译官",将这些程序解析成机床能够理解的控制信号。这些信号指导机床进行高精度的切削和加工,确保每一个零件都能够按照预设的要求完美呈现。数控加工技术的广泛应用不仅提高了加工精度和效率,更使得复杂形状和结构的零件加工成为可能。从航空航天领域到汽车制造,从模具制造到电子设备制造,数控加工技术都发挥着不可替代的作用。随着科技的不断发展,数控加工技术将继续引领制造业迈向更高峰,为人类创造更多的奇迹。

(二)数控加工技术的定义

数控加工技术,即数字控制加工技术,是一种利用计算机对机床进行精确控制,实现零件自动化加工的技术。其核心在于将加工过程中的各种信息,如刀具路径、切削参数、工件坐标等,通过数字化的方式进行处理和传输,从而实现对机床的精确控制。数控加工技术的核心在于将加工过程中的各种信息转化为数字化形式。这些数字化信息包括刀具的运动轨迹、切削速度、进给速度、工件坐标等。通过将这些信息转化为数字形式,可以实现对加工过程的精确控制。数控加工技术利用计算机对机床进行精确控制。计算机根据预先编制好的数控程序,解析数字化信息,并生成相应的控制信号,控制机床的运动和切削过程。计算机控制具有高度的灵活性和准确性,可以适应各种复杂的加工需求。

二、数控加工基础

(一)数控加工的基本原理

数控加工技术是一种先进的制造技术,其基本原理在于利用计算机进行数值控制,对机床进行精确的操作和控制,从而完成零件的加工过程。其核心在于将零件的几何形状、尺寸和加工要求等信息转化为数字化数据,并编制成数控程序。这些程序通过数控装置解析,生成相应的控制信号,控制机床的运动和切削过程,实现零件的精确加工。

在数控加工过程中,首先需要根据零件的几何形状、尺寸和加工要求等信息,进行数控编程。编程过程中,编程者需要确定刀具路径、切削参数、工件坐标等关键信息,并将其转化为计算机能够识别的数字化数据。这些数字化数据被编制成数控程序,通过数控装置输入到机床控制系统中。数控装置接收到数控程序后,会进行解析和处理。它将数字化数据转化为机床能够理解的控制信号,控制机床的运动和切削过程。具体来说,数控装置会根据数控程序中的指令,控制机床主轴的旋转、刀具的进给、工件的定位和夹具的夹紧等动作,从而实现零件的精确加工。

数控加工技术的基本原理在于利用计算机进行数值控制,将零件的加工信息转化为数字化数据,并编制成数控程序。这种技术不仅提高了加工的精度和效率,还大幅扩展了加工的复杂性和范围,为现代制造业的发展提供了有力支持。

(二)数控加工的主要设备与工具

数控加工技术涉及多种主要设备与工具,它们共同构成了实现高精度、高效率加工的核心。

1.数控机床

数控机床,也称为数字控制机床或 NC 机床,是现代制造技术中的核心设备。它集成了计算机技术、精密机械、自动控制和伺服驱动等多个高新技术领域,通过数字控制的方式实现对工件的高精度、高效率加工。数控机床是一种通过数字控制信号来驱动和控制机床各运动部件,自动完成工件加工的机床。它能够实现工件的铣削、车削、钻削、磨削等多种加工操作。

数控机床具有高精度、高适应性、加工范围广泛等特点,能够实现复杂形状和结构的零件加工,见表 1-1。

表 1-1 数控机床特点

高精度	高适应性	加工范围广泛
数控机床的传动系统控制系统均经过精确设计和制造,能够实现微米甚至纳米级的加工精度	通过修改数控程序,数控机床可以迅速适应不同形状、尺寸和材料的工件加工需求	数控机床适用于加工各种金属、非金属以及复合材料,能够满足不同行业的加工需求

2. 数控编程软件

数控编程软件是一种专门用于生成数控加工程序的计算机辅助设计软件。它集成了计算机图形学、数值计算、工艺规划等多个学科的知识，为数控加工提供了高效、精确的编程工具。数控编程软件通过图形界面和自动化工具，极大简化了编程过程，提高了编程效率。通过精确的算法和数值计算，数控编程软件能够生成高质量的数控程序，从而保证工件的加工精度。数控编程软件通常具备工艺规划功能，能够根据工件的几何形状、材料和加工要求，优化刀具路径和切削参数，提高加工效率和质量。随着计算机技术和数控加工技术的不断发展，数控编程软件正朝着智能化、集成化、云计算等方向发展。

3. 刀具系统

在数控加工领域，刀具系统的作用举足轻重。它是确保工件质量和加工效率的关键因素，也是数控编程与机床执行之间的桥梁。合适的刀具系统能够精确地去除多余材料，塑造出符合设计要求的工件形状和尺寸。此外，刀具系统的选择、设计和管理直接关系到加工过程的稳定性、安全性和经济性。一个优秀的刀具系统不仅能提高加工效率，还能降低生产成本，减少废品率，从而为企业创造更大的经济效益。

4. 夹具与定位装置

在数控加工中，夹具与定位装置是确保工件精确定位和稳定夹持的关键组件。它们共同协作，保证工件在加工过程中的位置固定不变，从而确保加工精度和表面质量。夹具是一种用于在数控机床上固定和定位工件的装置，它通过夹持、压紧或其他方式将工件稳固地固定在机床工作台上，以防止在加工过程中工件发生移动或变形。夹具的精度和稳定性直接影响工件的加工精度和表面质量。合适的夹具能够确保工件在加工过程中的位置精度和稳定性,从而提高加工效率和产品质量。定位装置用于确定工件在夹具中的准确位置,确保每次装夹时工件的位置一致,以保证加工的一致性和重复性。随着数控加工技术的不断发展,夹具与定位装置正朝着智能化、柔性化和模块化方向发展。智能夹具能够自动识别和适应不同形状的工件,柔性夹具能够适应多种工件的加工需求,而模块化夹具则便于快速更换和调整。

(三)数控加工中的坐标系与编程基础

1. 数控加工中的坐标系

(1)坐标系定义

在数控加工中,坐标系是至关重要的,它构成了整个加工过程的参考框架。这个坐标系不仅用于描述工件的几何形状和位置,还用于规划刀具的运动轨迹,确保加工精度。这个坐标系可以是二维的,如在平面上的 X 和 Y 轴,适用于一些简单的加工任务。然而,更多的情况下,我们使用三维坐标系,它包括 X、Y 和 Z 轴,能够更全面地描述工件的形状和位置。这种三维坐标系使得复杂的空间加工成为可能,大幅提高了数控加工的灵活性和精度。因此,理解和掌握数控加工中的坐标系,对于进行高质量的数控加工至关重要。

(2)坐标系类型

①机床坐标系。机床坐标系是机床自身固有的参考系,用于描述机床各个轴的运动范围和方向。这一坐标系是机床运动的基础,决定了工件在加工过程中的定位和刀具的运动轨迹。理解机床坐标系对于操作机床、编写数控程序以及保证加工精度都至关重要。机床坐标系的正确设置和使用,是确保数控加工顺利进行的前提。

②工件坐标系。工件坐标系是以工件为基准定义的坐标系,

它直接关联工件的几何形状和位置。在数控加工中,工件坐标系是编程和加工的关键,它使得刀具能够按照预定的轨迹准确地去除材料,从而得到符合设计要求的工件形状。工件坐标系的正确设置对于保证加工精度和提高生产效率具有重要意义。

③编程坐标系。编程坐标系是数控编程过程中的核心参照体系,编程人员根据它来定义刀具的移动路径和切削参数。这个坐标系的选择要考虑到工件的形状、材料特性以及加工要求等因素,以确保刀具能够以最优的路径和参数进行切削,从而得到高质量的加工结果。编程坐标系的正确设置对于数控程序的正确性和加工效率至关重要。

(3)坐标系的转换

在数控加工中,坐标系之间的转换是一项至关重要的任务。由于不同的坐标系具有不同的原点和方向,因此需要通过坐标变换和数学计算来确保刀具能够按照预定的程序准确地加工工件。例如,从机床坐标系转换到工件坐标系时,需要考虑工件的装夹位置和方向,通过计算得出工件坐标系在机床坐标系中的位置和姿态。同样,从编程坐标系转换到机床坐标系时,也需要进行相应的坐标变换,以确保刀具能够按照编程坐标系中定义的路径进行切削。这些转换过程需要精确的计算和严格的控制,以确保加工精度和效率。

2. 数控编程基础

(1)编程语言

数控编程是一门专门的技术,它依赖于特定的编程语言,如 G代码和 M 代码。G 代码,也被称为准备功能代码,主要用于描述刀具的运动轨迹,如直线插补、圆弧插补等。而 M 代码,即辅助功能代码,则主要负责控制机床的辅助动作,如冷却液开启、主轴启动等。这些代码在数控程序中扮演着至关重要的角色,它们像指令一样,告诉机床如何进行操作,以确保工件能够按照预定的形状和尺寸被准确地加工出来。因此,熟练掌握 G 代码和 M 代码的使用,对于数控编程人员来说是必不可少的技能。

(2)编程策略与优化

数控编程不仅仅是简单的代码输入,它还涉及多种策略和优化方法的应用。在编程过程中,编程人员需要仔细考虑刀具路径的选择,以确保刀具能以最短的距离、最少的时间完成切削任务。同时,切削参数的优化也是关键,合适的切削速度和进给率不仅能提高加工效率,还能确保加工质量。此外,减少加工过程中的误差同样重要,这需要通过精确的坐标转换、合理的程序结构等方式来实现。这些策略和优化方法的选择与应用,直接关系到数控加工的精度和效率,是编程人员必须深入研究和掌握的重要内容。

(四)数控加工工艺规划与设计

数控加工工艺规划与设计是数控加工领域中的核心环节,它涉及将产品从设计转化为实际加工成品的整个过程。这一过程不仅要求确保工件的几何形状、尺寸和表面质量满足设计要求,还要考虑加工的经济性、生产效率和可持续性。

在数控加工工艺规划与设计中,首先需要对工件的材料、结构、精度要求等进行全面分析,以确定最合适的加工方法和策略。这包括对刀具类型、切削参数、加工路径、夹具选择等因素的综合考虑。刀具路径规划是其中的关键步骤,它决定了刀具在加工过程中的运动轨迹。合理的刀具路径不仅能提高加工效率,还能确保加工精度和表面质量。在规划刀具路径时,需要考虑工件的几何形状、材料特性以及加工要求,确保刀具能够以最优的方式去除材料。此外,切削参数的优化也是数控加工工艺规划与设计中的重要内容。切削参数包括切削速度、进给率、切削深度等,它们的合理选择直接影响加工效率、刀具寿命和工件质量。因此,需要根据工件的材料、硬度、热导率等因素进行优化,以获得最佳的加工效果。除了刀具路径和切削参数,数控加工工艺规划与设计还需要考虑夹具的选择、加工顺序的确定、冷却液的使用等因素。夹具的选择应确保工件在加工过程中的稳定性和精度;加工顺序的确定应考虑加工效率和质量;冷却液的使用则有助于降低切削温度和减少刀具磨损。

三、数控编程

(一)数控编程的基本概念

数控编程,作为现代制造技术的重要组成部分,涉及将产品设计转化为机器可执行指令的过程。这一过程的核心在于利用专用的编程语言,如 G 代码(准备功能代码)和 M 代码(辅助功能代码),来定义和控制数控机床或加工中心的运动和加工操作。

1. 坐标系的建立

在数控编程中,坐标系的选择与转换至关重要。工件坐标系是编程的基准,它反映了工件的几何形状和位置信息,为编程人员提供了直观、方便的描述方式。然而,这一坐标系对于机床来说并不直观,因为机床执行的是机械运动,与工件坐标系存在偏差。因此,编程人员需要将工件坐标系中的指令转换为机床坐标系中的运动,确保刀具能够按照预定的轨迹进行切削。这一转换过程涉及坐标平移、旋转等变换,要求编程人员具备扎实的数学基础和丰富的实践经验,以确保转换的准确性和高效性。通过合理的坐标系转换,数控编程能够实现对工件的高精度、高效率加工。

2. 刀具路径规划

刀具路径规划是数控编程中最为核心且复杂的任务之一。它要求编程人员根据工件的几何形状、材料属性以及加工要求,结合刀具的类型、尺寸和特性,设计出最优的刀具运动轨迹。这个轨迹从刀具的起始点开始,经过一系列的直线、圆弧或其他复杂曲线,最终到达终止点。在规划过程中,编程人员需要综合考虑切削力、切削热、刀具磨损等因素,确保刀具路径既能满足加工精度要求,又能实现高效、安全的加工。此外,随着技术的发展,现代数控系统还提供了多种优化算法和工具,帮助编程人员更加高效、准确地完成刀具路径规划。

3. 切削参数的设定

切削参数的设定是数控编程中不可或缺的一环,直接关系着加工效率、刀具寿命和工件质量。切削速度、进给率和切削深度等参数的选择和优化,必须基于工件的材料属性、硬度分布以及热导率等关键因素进行。例如,对于硬度较高的材料,可能需要降低切削速度和增加切削深度,以减少刀具磨损;而对于热导率较差的材料,则可能需要提高切削速度,以减少切削热对工件质量的影响。此外,切削参数的设定还需考虑机床的性能和刀具的特性,确保加工过程的稳定性和安全性。

4. 程序结构与语法

数控编程的程序结构与语法是确保机床能够正确执行指令的关键。一个完整的数控程序通常包含程序头、程序体和程序尾三部分。程序头主要定义程序的基本信息,如程序名、工件名、刀具号等;程序体则详细描述了加工操作,包括刀具路径、切削参数、辅助功能等;而程序尾则标志着程序的结束,确保机床在完成加工后能够正确返回初始状态。编程人员在编写程序时,必须严格遵循编程语言的语法规则,确保每一条指令都是正确、有效的。这要求编程人员不仅要理解数控编程的基本原理,还要具备丰富的实践经验,能够灵活运用各种编程技巧,编写出既高效又安全的数控程序。只有这样,才能确保机床能够准确、快速地完成加工任务。

5. 后处理与仿真

后处理与仿真是数控编程中不可或缺的两个环节。在编程完成后,首先需要进行后处理操作,将编程软件生成的代码转换为机床能够识别的格式。这一步骤确保了编程意图能够准确地传达给机床,是实现加工任务的关键一环。同时,为了进一步提高程序的正确性和可行性,通常会使用仿真软件对程序进行模拟运行。通过仿真,编程人员可以在虚拟环境中观察刀具的运动轨迹、切削过程以及可能出现的问题,从而在实际加工前发现并修正潜在的错误。这种预防性措施极大地提高了加工效率和安全性,降低了成本和风险。

(二)数控编程语言与标准

1. 数控编程语言

数控编程语言是一种高度专业化的语言,旨在精确控制数控机床或加工中心的各项运动和加工操作。在当前的工业界,G代码和M代码是两种广泛使用的数控编程语言。G代码,也称为准备功能代码,主要负责描述刀具在工件上的运动轨迹。它涵盖了一系列的操作,如直线插补、圆弧插补等,这些都是加工过程中至关重要的步骤。而M代码,或称为辅助功能代码,则主要用于控制机床的各种辅助动作。例如,它可以开启或关闭冷却液,控制主轴的启动和停止等。这些代码都是根据严格的语法规则编写的,以确保机床能够准确无误地执行每一条指令。对于编程人员来说,熟练掌握数控编程语言的语法规则和应用技巧是至关重要的,因为这将直接影响加工质量和效率。

2. 数控编程标准

在数控加工领域,除了编程语言,一系列的标准和规范也起了至关重要的作用。这些标准不仅确保了不同机床和控制系统之间的兼容性和互操作性,还提高了整个制造过程的效率和灵活性。其中,数控系统的接口标准、数据交换标准、通信协议等都是关键要素。例如,ISO 6983 标准不仅详细规定了数控编程语言的语法和语义,还确保了不同数控系统之间编程代码的一致性和可移植性。这意味着,无论使用哪种数控系统,编程人员都可以编写出符合标准的程序,从而避免了因系统差异而导致的兼容性问题。而STEP-NC 标准则更进一步,它提供了一种中性的、基于模型的数据交换格式,使得 CAD/CAM 系统与数控系统之间能够实现无缝对接。这一标准的推广和应用,极大地促进了设计与制造之间的数据共享和流程优化,为制造业的数字化转型提供了有力支持。

四、数控加工设备与选型

(一)数控加工设备的分类与特点

1. 数控机床

数控机床,作为现代制造业的基石,以其高精度、高效率和高自动化的特性,引领着加工技术的革新。这种设备的核心在于其编程控制的刀具运动轨迹,使得工件的加工达到了前所未有的精度。不论是复杂的几何形状还是高精度的尺寸要求,数控机床都能轻松应对。因此,它在汽车、航空航天、模具等多个领域都有着广泛的应用。特别是在汽车制造业中,数控机床的精确加工能力使得汽车零部件的生产更加高效、准确,为汽车的性能和安全性提供了坚实的保障。

2. 加工中心

加工中心作为数控机床的升级版,展现了多轴联动与多功能集成的卓越特性。它不仅仅局限于铣削、钻孔等基础加工操作,更能胜任车削、磨削等更为复杂的加工任务。这种高度的灵活性和适应性,使得加工中心在大型、复杂工件的加工领域独领风骚。尤其是在模具制造领域,加工中心的精准度和高效率为模具的复杂结构提供了强有力的支持。同时,在汽车零部件生产中,加工中心也发挥着不可或缺的作用,为汽车工业的飞速发展注入了强大动力。

3. 数控车床

数控车床,作为专门针对回转体工件进行加工的机床设备,具有显著的高精度、高效率和高自动化特点。这种机床特别适用于轴类、盘类等工件的加工,能够实现对这些工件的精确车削。得益于先进的数控技术和精确的刀具控制,数控车床的加工精度可以达到极高的水平,确保工件的尺寸和形状满足设计要求。此外,数控车床的自动化程度很高,能够大幅度提高生产效率,减少人为操作的干扰。因此,在机械制造、汽车制造等领域,数控车床得到了广泛应用,为这些行业的生产提供了强大的技术支持。

4. 数控铣床

数控铣床是专为平面和立体工件加工而设计的数控加工设备,它集高精度、高效率和高灵活性于一身。无论是简单的平面结构还是复杂的立体形状,数控铣床都能通过编程控制的刀具,实现对工件的精确铣削。这种机床的灵活性使得它可以根据不同的加工需求,快速调整刀具路径和加工参数,以满足多样化的生产要求。因此,在模具制造领域,数控铣床以其高精度和高效率的特性,为模具的复杂结构提供了可靠的加工解决方案。同时,在电子零件生产中,数控铣床也发挥着重要的作用,确保电子零件的加工精度和一致性。

（二）数控加工中心的选型与应用

1. 数控加工中心的选型

在数控加工中心的选型过程中,首先要考虑的是企业的实际需求。这包括加工工件的材质、尺寸、精度要求以及生产批量等因素。例如,对于需要加工大型、复杂工件的企业,应选择具有多轴联动、高刚性和大工作空间的加工中心;而对于加工小型、高精度工件的企业,则可以选择高速、高精度的加工中心。其次,要考虑数控加工中心的性能参数。这包括主轴功率、进给速度、定位精度、重复定位精度等。这些参数直接决定了加工中心的加工能力和加工精度。因此,在选型过程中,要根据企业的实际需求,选择性能参数合适的加工中心。此外,还要考虑数控加工中心的可靠性、稳定性和售后服务等因素。可靠性高的加工中心能够减少故障率,提高生产效率;稳定性好的加工中心能够保证加工质量的稳定;而优质的售后服务则能够为企业提供及时的技术支持和维修服务,保障生产的顺利进行。

2. 数控加工中心的应用

数控加工中心的应用领域广泛且多样,几乎涵盖了现代制造业的各个方面。在汽车制造业中,数控加工中心以其卓越的精度和效率,成为发动机缸体、缸盖等关键零部件加工的首选设备。其精准的加工能力确保了汽车部件的质量和性能,为汽车的安全和可靠性提供了坚实保障。在航空航天领域,数控加工中心同样发挥着不可或缺的作用。飞机零部件的加工要求极高,不仅需要高精度的尺寸控制,还要求严格的表面质量。数控加工中心以其高精度的加工能力和稳定的性能,为飞机零部件的加工提供了强有力的支持,确保了航空器的安全和性能。而在模具制造领域,数控加工中心更是成为不可或缺的加工设备。模具的复杂结构和高精度要求使得其加工难度极大,而数控加工中心以其高效、高精度的加工特点,为模具的制造提供了可靠的解决方案,推动了模具制造技术的不断发展和创新。

第二节　3D打印技术

一、3D打印技术的基本原理与分类

(一)3D打印技术的基本原理

3D打印技术的基本原理可以概括为"逐层堆积"。它基于三维模型数据,通过特定的设备将材料逐层堆积,从而构建出具有三维结构的实体。这个过程通常涉及以下几个关键步骤:

1.建模与切片

建模与切片是3D打印过程中的两个核心步骤。在这一阶段,设计师首先会借助计算机辅助设计软件(CAD)来创建或导入一个详细的三维模型。这个过程允许他们精确控制物体的形状、尺寸和复杂性。一旦模型设计完成,接下来的关键步骤是"切片"。这涉及将三维模型分解成一系列薄如纸片的二维层,每一层都代表了物体在某一高度上的精确截面。这个过程确保了3D打印机能够逐层精确地重建原始的三维设计,最终形成一个完美的实体。

2.打印材料准备

3D打印过程中,打印材料的准备至关重要。选择适合所选3D打印技术的材料是确保打印质量和效果的关键。根据不同的打印工艺,打印材料可以是液态、粉末状或丝状。例如,对于熔融沉积建模(FDM),通常使用热塑性塑料丝材,如ABS或PLA。而对于光固化立体造型(SLA),则需要液态的光敏树脂。正确选择并准备打印材料,能够确保打印过程顺利进行,并获得满意的成品。

3. 逐层打印

逐层打印是 3D 打印技术的核心环节。在这一阶段,3D 打印机根据之前生成的切片数据,开始逐层构建模型的各个部分。每一层打印时,打印头或打印平台都会精确地按照预设的路径移动,确保材料能够准确地放置在预定的位置上。这个过程需要高度的精度和稳定性,以确保最终打印出的模型与原始设计一致。同时,打印过程中还需要对温度、速度等参数进行精细控制,以确保打印质量和效率。逐层打印的完成,标志着 3D 打印物体的基本形成。

4. 后处理

3D 打印完成后,通常还需要进行一系列后处理步骤,以获得最终所需的成品。这些后处理步骤可能包括去除支撑结构、打磨表面、上色等。支撑结构是在打印过程中用来支撑模型悬空部分的临时结构,打印完成后需要被小心去除,以免损坏模型。打磨是为了使模型表面更加光滑,去除可能存在的瑕疵或不平整。上色则是为了提升模型的美观度,使其更符合设计要求或达到特定的视觉效果。这些后处理步骤对于提升 3D 打印成品的整体质量和外观至关重要。

(二)3D 打印技术的分类

1. 熔融沉积建模(Fused Deposition Modeling,FDM)

熔融沉积建模是 3D 打印领域中最受欢迎和广泛应用的技术之一。它依赖于热塑性材料,如 ABS 和 PLA,这些材料在加热后会变成可流动的丝状。FDM 打印机通过精确控制一个加热的打印头,将熔化的塑料丝材挤压出来,并按照设计好的层叠结构逐层堆积。这个过程类似于传统的挤牙膏方式,但精度和速度都得到了极大的提升。由于 FDM 技术相对成熟、成本较低且材料易于获取,它已成为许多家庭、学校和企业首选的 3D 打印方法。无论是原型制作、创意设计还是功能性部件的制造,FDM 都能提供可靠且经济高效的解决方案。

2. 选择性激光烧结(Selective Laser Sintering, SLS)

选择性激光烧结是一种先进的 3D 打印技术,它采用粉末状材料作为打印介质,如尼龙、金属粉末等。在打印过程中,SLS 通过高精度激光束,按照切片数据的路径,逐层烧结粉末材料。激光束的能量将粉末颗粒局部熔化并连接在一起,形成坚固的实体结构。这种逐层烧结的方式使得 SLS 能够打印出复杂且精细的几何形状,同时保持较高的材料利用率和打印效率。由于 SLS 技术的灵活性和适用性,它广泛应用于原型制造、航空航天、汽车等领域,为各个行业带来了创新和突破。

3. 光固化立体造型(Stereolithography, SLA)

光固化立体造型是一种基于液态光敏树脂的 3D 打印技术。在 SLA 打印过程中,液态光敏树脂被放置在打印平台的上方,而紫外线光源则按照预先设计的切片数据,逐层扫描树脂表面。当紫外线照射到树脂时,它会引发树脂中的光敏剂发生聚合反应,从而使树脂迅速固化。通过逐层固化的方式,SLA 能够精确地构建出三维实体。这种技术以其高精度、表面光滑和细节捕捉能力而著称,常用于制造高精度原型、珠宝、艺术品等。随着技术的不断发展,SLA 在医疗、航空航天等领域的应用范围也在不断扩大。

4. 喷射打印(Inkjet Printing)

喷射打印是一种独特的 3D 打印技术,它与传统的喷墨打印机有着异曲同工之妙。在这种技术中,使用的是液态材料,如光敏树脂或金属溶液等。喷射打印机通过精确控制喷嘴的移动和材料的喷射,将液态材料以微小的液滴形式逐层沉积在打印平台上。每一层的液滴在特定条件下会固化或凝固,形成所需的形状。随着层数的累加,最终构建出完整的三维实体。喷射打印因其高精度、材料多样性和灵活性而受到广泛关注,可应用于多个领域,如生物医疗、微电子和建筑模型等。

5. 粉末黏结(Powder Bonding)

粉末黏结是一种创新的3D打印技术,它采用粉末状材料作为打印基础。在粉末黏结过程中,粉末逐层铺设在打印平台上,然后通过黏结剂的作用将粉末颗粒黏结在一起。这种黏结可以通过多种方式实现,如使用热、压力或特定的化学黏结剂等。选择性激光黏结是一种典型的粉末黏结技术,它利用激光束照射粉末层,使黏结剂在特定区域熔化并黏结粉末颗粒。而粉末喷射黏结则是通过喷嘴喷射黏结剂,将粉末逐层黏结成实体。粉末黏结技术因其材料多样性和打印灵活性而受到广泛关注,可应用于原型制造、材料科学研究和功能部件的快速制造等领域。

二、3D 打印技术的核心组件

(一)3D 打印机的主要构成部件

1. 打印头(Printing Head)

打印头作为3D打印机的关键组成部分,其主要职责是依据设计图纸的指示,将材料逐层堆积在打印平台上。在打印头内部,通常会配备有加热元件和喷嘴,这两个部分的作用至关重要。加热元件负责将打印材料加热至熔融状态,确保其具有良好的流动性;而喷嘴则负责精确地挤出这些熔融材料,按照预定的设计进行堆积。正是因为有了这样的工作原理,3D打印机才能够实现从数字模型到实物的转化。打印头的精度和稳定性对于打印质量和效率有着直接的影响。精度高意味着打印出来的物体能够更精确地还原设计图纸上的细节,从而提高打印质量;稳定性好则可以保证在整个打印过程中,打印头的工作状态保持一致,避免因为打印头的不稳定而导致的打印失败或者打印质量下降的问题。

2. 打印平台(Printing Bed)

打印平台在3D打印过程中扮演着极其重要的角色,它是支撑整个打印物体的基础。为了确保打印的顺利进行,打印平台通常都具有加热功能,能够在打印过程中保持材料处于适宜的温度,这样可以避免因温度过低而导致的材料固化或者流动性差的问题。打印平台的表面处理对打印物体的黏附性和平滑度有着决定性的影响。如果打印物体不能很好地黏附在打印平台上,那么在打印过程中就可能会发生移位或者翘曲,从而影响到打印的质量和效果。因此,对于打印平台的表面处理是一个需要特别关注的环节。常见的表面处理方法包括涂覆特殊涂层或使用胶带等,这些方法都能够有效地提高打印物体的黏附性,保证打印的稳定性和质量。

3. 控制系统(Control System)

控制系统在3D打印过程中扮演着至关重要的角色,它是整个打印机的"大脑",负责接收并解析切片数据,控制打印头、打印平台和其他辅助部件的精确运动。一个优秀的控制系统能够确保打印过程的稳定性和连续性,从而保证打印出的物体具有高质量和高精度。一般来说,控制系统通常由微处理器、电子驱动器和传感器等组成。其中,微处理器负责接收和处理切片数据,生成相应的控制信号;电子驱动器则根据这些控制信号来驱动打印头、打印平台和其他辅助部件进行运动;而传感器则用于监测打印过程中的各种参数,如温度、压力等,以便及时调整和优化打印状态。

4. 材料供给系统(Material Feed System)

材料供给系统在3D打印过程中扮演着至关重要的角色,它确保打印材料能够准确无误地输送到打印头中。根据不同的3D打印技术,材料供给系统的设计和实现方式也会有所不同。以熔融沉积建模(FDM)为例,其材料供给系统一般包括一个卷轴和一个进给机构。卷轴负责存放丝状材料,如 ABS 或 PLA 等,而进给机构则通过精确控制材料的进给速度和方向,确保丝状材料能够顺利送入打印头。这种设计方式使得 FDM 打印能够连续、稳定地进行,从而打印出高质量的物体。而在光固化立体造型(SLA)中,材料供给系统的任务则是将液态树脂输送到打印平台上的特定位置。这通常通过精确的泵送系统和喷嘴实现,确保液态树脂能够在紫外线的照射下迅速固化,形成所需的打印层。这种材料供给方式使得 SLA 打印能够实现高精度和高分辨率的打印效果。

5. 运动机构(Motion Mechanism)

运动机构在 3D 打印过程中扮演着关键的角色,它是负责控制打印头和打印平台进行精确运动的重要组件。为了实现高质量的打印效果,运动机构通常包括 X、Y 和 Z 轴的运动系统,以及相应的传动装置和导轨。其中,X、Y 和 Z 轴的运动系统分别对应于打印头或打印平台在水平面内左右移动、前后移动以及垂直方向上的升降运动。这些运动系统需要具有高精度和稳定性,以确保打印头能够按照预设的路径准确地移动,并在正确的时刻释放出适量的材料。而传动装置和导轨则用于将微处理器发出的控制信号转化为实际的机械运动,它们需要具有良好的耐磨性和耐久性,以保证长期稳定的工作性能。

6. 辅助部件(Auxiliary Components)

除了核心部件,3D 打印机还配备了一系列辅助部件,它们共同确保了打印过程的顺利进行。风扇是其中之一,它在打印过程中起了关键的散热作用。打印头挤出材料时,会产生一定的热量,风扇能够及时吹散这些热量,防止材料在打印过程中变形或熔化,从而确保打印质量的稳定性。温度传感器则负责监测打印头和打印平台的温度,确保它们在适当的温度范围内工作。这对于一些需要精确控制温度的打印材料来说尤为重要。通过实时监测和调整温度,温度传感器有助于避免材料在打印过程中发生收缩、变形或熔融不均等问题。此外,摄像头也是3D打印机中常见的辅助部件之一。它能够实时监控打印过程,让用户随时了解打印进度和状态。这对于及时发现和解决打印问题、确保打印质量具有重要意义。

(二)3D打印材料及其特性

1. 热塑性塑料

热塑性塑料是3D打印中使用最广泛的材料之一,包括ABS(丙烯腈-丁二烯-苯乙烯共聚物)和PLA(聚乳酸)。这些材料在加热时会变软,冷却后则会固化,具有出色的可塑性和稳定性。其中,ABS是一种常用的工程塑料,具有较高的强度、韧性和耐热性。由于其良好的性能和易于加工的特性,ABS被广泛应用于各种工业产品和消费品的制造。然而,ABS在打印过程中需要较高的打印温度,这可能会影响打印机的使用寿命和用户的工作环境。相比之下,PLA是一种源自可再生资源的生物降解塑料,具有良好的生物相容性和环保性。PLA的打印温度较低,而且产生的气味较小,因此更适合在家庭或办公室等环境中使用。但是,PLA的硬度和耐热性不如ABS,不适用于需要承受高温或高应力的应用场合。

2. 光敏树脂

光敏树脂,作为光固化立体造型(SLA)技术的核心材料,其特性与应用在3D打印领域中独树一帜。这种特殊的树脂材料,在紫外线的照射下,会迅速发生固化反应,从而逐层构建出高精度的打印物体。其独特的固化机制,使得光敏树脂在打印过程中能够呈现出卓越的表面质量,光滑且细腻。不仅如此,光敏树脂还具有出色的细节捕捉能力,即使是微小的结构和纹理,也能在打印过程中得到精确再现。这一特性使得光敏树脂成为制造高精度原型和模型的首选材料。无论是汽车、航空航天还是医疗领域,光敏树脂都以其高精度的打印效果和卓越的性能,赢得了广泛的应用和认可。

3. 金属粉末

金属粉末,作为金属 3D 打印技术的核心材料,展现出了令人瞩目的潜力和应用价值。钛合金、不锈钢、铝合金等优质金属粉末,通过先进的逐层烧结或熔融技术,被精确地转化为具有高强度、高耐磨性和高导热性的金属物体。这种独特的制造方式,不仅保留了金属材料的优异性能,还赋予了打印物体前所未有的复杂结构和设计自由度。金属 3D 打印技术的广泛应用,尤其在航空航天、汽车和医疗等领域,证明了其巨大的市场潜力和社会价值。从高精度的飞机零部件到个性化的医疗器械,金属 3D 打印技术正不断地拓展其应用边界,为各行各业带来革命性的创新和变革。

4. 陶瓷材料

陶瓷材料因其出色的耐高温、耐腐蚀和机械性能而受到广泛关注。这些特性使得陶瓷材料成为制造高温、耐磨和耐腐蚀部件的理想选择,广泛应用于航空航天、汽车、电子、医疗等众多领域。然而,尽管陶瓷材料具有诸多优点,但在 3D 打印领域的应用却相对较少。主要原因在于陶瓷材料的脆性较强,加工难度较大。传统的陶瓷制造工艺通常需要复杂的模具和高精度的设备,而且生产过程中的废品率较高。相比之下,3D 打印技术可以实现快速原型制作和小批量定制生产,降低了设计和制造成本,提高了生产效率。尽管如此,由于陶瓷材料的特殊性质,现有的 3D 打印技术在处理这类材料时仍面临一些挑战。例如,陶瓷粉末的流动性较差,可能导致打印过程中出现堵塞等问题;另外,陶瓷材料的固化温度较高,需要特殊的高温打印设备。

5. 生物材料

生物材料作为 3D 打印领域的新兴力量,正逐渐在医疗器械和生物组织工程领域展现出其独特的价值。这些材料,如生物相容性塑料和生物活性玻璃等,不仅具有良好的生物相容性,即能够与生物组织和谐共存,而且具备生物活性,能够积极促进细胞的生长和分化。在医疗器械的制造中,生物相容性塑料被广泛应用,因其能够在体内长期稳定存在,且不会对周围组织产生不良反应。而在生物组织工程领域,生物活性玻璃则因其能够促进细胞黏附和增殖的特性而备受关注。这些生物材料的运用,不仅推动了医疗技术的进步,也为患者带来了更好的治疗效果和生活质量。

三、3D 打印技术的经济与社会影响

(一)3D 打印技术对制造业的影响

3D 打印技术,作为一种颠覆性的制造技术,近年来在制造业中引起了广泛的关注。其独特的生产方式和潜力为制造业带来了深远的影响。

1. 实现从设计到生产的快速转化

传统的制造业通常需要经过模具制造、机械加工等多个环节,而 3D 打印技术则可以直接将数字模型转换为实体产品,极大缩短了生产周期。这种快速转化的能力使得制造业更加灵活,能够快速响应市场需求,减少库存和浪费。

2. 促进了制造业的定制化生产

传统的制造业往往以大规模生产为主,难以实现个性化定制。而 3D 打印技术则可以通过数字模型轻松实现个性化定制,使得每个产品都可以根据用户需求进行独特设计。这种定制化生产的能力为制造业开辟了新的市场机会,满足了消费者对个性化产品的需求。

3. 降低了制造业的成本和门槛

传统的制造业需要大量的设备、工厂和人力资源,而 3D 打印技术则可以在较小的空间内实现生产,降低了设备和场地的成本。同时,3D 打印技术的操作也相对简单,不需要过多的专业技能,降低了制造业的门槛,使得更多人能够参与到制造业中。

(二)3D 打印技术对创新与创业的影响

1. 降低了创新门槛

传统的产品开发需要复杂的工艺流程和昂贵的生产设备,而 3D 打印技术则使得个人和小型企业能够以较低的成本快速原型制造和测试创意。这种技术降低了创新的经济门槛,使得更多人能够参与到创新活动中来,促进了创意的涌现和转化。

2. 加速了创新周期

传统的产品开发周期长,从概念到样品再到量产需要经历多个阶段。而 3D 打印技术能够快速地将数字模型转换为实体产品,极大缩短了产品开发周期。这种快速迭代的能力使得创业者能够更快地测试市场反馈,优化产品设计,加速创新迭代。

3. 拓展了创新领域

传统的制造业受限于生产工艺和材料,而 3D 打印技术则能够支持更多种类的材料和复杂结构,为创新提供了更广阔的空间。从生物医学到航空航天,从艺术创作到建筑设计,3D 打印技术为不同领域的创新提供了强大的支持。

4. 为创业者提供了新的商业模式和机会

通过 3D 打印技术,创业者可以开展定制化生产、按需制造等新型业务,满足市场的个性化需求。其次,3D 打印技术降低了创业成本。无需大量的设备和工厂,创业者可以借助 3D 打印技术实现小批量、高效的生产,降低了创业初期的资金压力。

(三)3D 打印技术的社会与文化影响

1. 促进了社会参与和民主化进程

传统的制造业往往由大型企业和专业工厂所主导,而 3D 打印技术的普及使得个人和小型企业也能够参与到制造活动中来。这种技术民主化的现象不仅降低了创业的门槛,也使得更多人能够发挥创造力和创新精神,推动社会的进步和发展。

2. 改变了消费模式和消费观念

传统的消费模式往往是基于大规模生产和分销,而 3D 打印技术则可以实现个性化定制和按需生产。这种消费模式的转变不仅满足了消费者对个性化产品的需求,也提高了资源利用效率和减少了浪费。同时,3D 打印技术也促进了消费者对产品的认识和了解,加强了消费者与产品之间的情感联系。

3. 对艺术创作和文化传承产生积极影响

传统的艺术创作往往受限于材料和工艺,而 3D 打印技术则可以为艺术家提供更广阔的创作空间和材料选择。艺术家可以利用 3D 打印技术创作出更加独特和复杂的艺术品,丰富了艺术表现形式和内涵。同时,3D 打印技术还可以用于文化遗产的复制和保护,使得珍贵的文化遗产得以传承和展示。

第三节 柔性制造系统与智能制造系统

一、柔性制造系统与智能制造系统的定义

(一)柔性制造系统的定义

柔性制造系统(Flexible Manufacturing System，FMS)是一种高度灵活的自动化制造系统,其核心在于其能够快速适应生产过程中的多种变化。这一系统结合了先进的制造技术、计算机技术、自动化技术,以及系统工程等多种学科的知识,旨在提高生产过程的灵活性、效率和质量。

柔性制造系统的核心在于其设备的多功能性和工艺的灵活性。传统的生产线往往只能生产固定类型的产品,而 FMS 则能够通过更换工具、夹具和工艺流程,快速调整生产以适应不同产品的生产需求。这种灵活性使得 FMS 能够在短时间内从一种产品的生产切换到另一种产品的生产,极大提高了生产线的效率和利用率。除了设备和工艺的灵活性,FMS 还强调生产流程的灵活性。传统的生产线往往采用固定的生产流程,而 FMS 则能够通过计算机控制系统,实现生产流程的动态优化和调整。这种灵活性使得 FMS 能够根据不同的生产需求,自动调整生产流程,以提高生产效率和产品质量。

(二)智能制造系统的定义

智能制造系统通过收集和分析大量的生产数据,实现对生产过程的深度洞察和优化。利用大数据分析技术,IMS 能够挖掘出隐藏在数据中的规律和趋势,从而为生产过程的优化提供指导。

同时,通过对历史数据的分析和比较,IMS 还能够预测未来的生产趋势和市场需求,为企业的战略决策提供数据支持。智能制造系统强调跨领域集成与协同工作。通过整合产品设计、制造工艺、供应链管理等多个领域的知识和资源,IMS 能够实现整个生产过程的协同优化。这种跨领域集成与协同能力使得 IMS 能够打破传统制造业中的信息孤岛和流程壁垒,提高生产过程的整体效率和灵活性。智能制造系统还注重可持续发展和环境保护。通过优化生产流程和减少资源消耗,IMS 能够降低生产过程中的能耗和排放,减少对环境的影响。同时,通过引入循环经济和绿色制造的理念,IMS 还能够实现生产废弃物的回收和再利用,促进资源的循环利用和可持续发展。

二、柔性制造系统(FMS)

(一)FMS 的组成与特点

1. FMS 的组成

(1)加工设备

加工设备作为 FMS 的核心组成部分,是实现生产过程自动化的基础。这些设备通常包括数控机床、加工中心以及柔性加工单元等,它们具备高度自动化的特点,能够自主完成工件的装夹、定位以及加工等任务,极大地提高了生产效率。同时,这些加工设备还具备出色的灵活性,可以迅速调整以适应不同产品的加工需求。无论是产品的形状、尺寸还是材料,加工设备都能够通过更换刀具、夹具等辅助工具来应对,从而确保生产过程的顺畅进行。这种高度自动化和灵活性的结合,使得加工设备成为 FMS 中不可或缺的一环,为企业的生产活动提供了强有力的支持。

（2）物料运输系统

物料运输系统是现代化生产制造中不可或缺的组成部分,其主要任务是高效、准确地在加工设备之间传输原材料、半成品和成品。该系统采用多种先进的运输方式,如自动导轨、有轨小车以及无人搬运车等。自动导轨通过预先设定的路径,实现物料的自动化输送;有轨小车则借助轨道进行移动,适用于大型或重型物料的运输;无人搬运车具有灵活机动的特点,能够在复杂环境中自主导航并完成物料搬运任务。这些运输方式极大地提高了生产效率,降低了人力成本,并确保了生产过程的顺畅运行。

（3）计算机控制系统

计算机控制系统在 FMS 中发挥着至关重要的作用,可以被喻为整个系统的"大脑"。这个系统通过精心设计的算法和软件,负责收集、分析和处理来自各个加工设备、物料搬运系统以及质量检测系统等多个部分的数据。它不仅能够实时监控生产过程的各个环节,确保设备安全、高效地运行,还能够根据生产需求和市场变化,智能地调度和优化生产资源。通过计算机控制系统的精准控制,FMS 能够实现生产过程的自动化和智能化,极大地提高了生产效率和产品质量,为企业带来了显著的经济效益和市场竞争力。

（4）软件系统

软件系统是 FMS 的核心组成部分,涵盖了生产调度、设备控制和质量管理等多个关键领域。生产调度软件通过优化算法,合理安排各项生产任务的执行顺序和时间,确保生产过程的高效进行;设备控制软件则负责监控并调控各类加工设备的运行状态,保证其按照预定参数稳定工作;而质量管理软件则通过对生产数据的实时分析,实现对产品质量的严格把控。这些软件相互协作,共同构建起一个高度集成的信息管理系统,为 FMS 的高效运行提供了坚实的技术支撑。同时,软件系统的灵活性和可扩展性也为适应不断变化的市场需求和工艺改进提供了可能。

（5）质量检测系统

质量检测系统是 FMS 中不可或缺的一环，它负责对加工过程中的半成品和成品进行严格的质量检测，确保最终产品符合质量标准。该系统通常配备先进的检测设备和软件，能够自动或半自动地对产品进行尺寸、形状、材料、表面质量等多方面的检测。一旦发现不合格品，系统会立即发出警报，并自动或半自动地将不合格品剔除，从而避免不良品的流入市场。质量检测系统的引入，不仅提高了产品质量和生产效率，还为企业赢得了良好的声誉和信誉。通过持续的质量监控和改进，企业可以不断提升产品质量水平，满足客户需求，赢得市场竞争。

2. FMS 的特点

（1）高度的设备灵活性

高度的设备灵活性是 FMS 的一大核心优势。FMS 中的加工设备，如数控机床、加工中心等，通常被设计成具备多种加工能力。这意味着它们可以迅速地从一种加工任务切换到另一种，而不需要花费大量时间进行调整。例如，当生产线上需要加工不同类型的零部件时，FMS 的加工设备可以迅速更换刀具、夹具等，以适应新的加工要求。这种高度的灵活性使得 FMS 能够轻松应对市场需求的快速变化，满足多品种、小批量的生产需求。

（2）生产的快速调整

生产的快速调整能力是 FMS 的显著特点之一。这得益于FMS 中设备的高度灵活性和计算机控制系统的智能调度。市场需求发生变化时，组织需要调整生产计划时，FMS 能够迅速响应。设备的高度灵活性使得它们能够快速地适应新的生产要求，而计算机控制系统则通过智能算法快速优化生产调度，确保生产过程的高效与顺畅。这种从一种产品生产到另一种产品生产的快速转换,不仅减少了生产准备时间,提高了生产效率,还使得 FMS 能够灵活应对市场的快速变化,满足客户的多样化需求。

(3)高度的自动化

高度的自动化是 FMS 的重要特征之一。通过集成先进的自动化设备和高效的计算机控制系统,FMS 能够实现从原材料入库、生产加工到成品出库全过程的高度自动化。这些自动化设备包括机器人、数控机床、自动搬运系统等,它们能够在无须人工干预的情况下完成复杂的操作任务,极大地提高了生产效率。计算机控制系统则是自动化设备的“大脑”,负责协调各个设备的工作,确保生产过程的顺畅进行。它可以通过实时采集和分析数据,对生产过程进行精准控制,并能根据预设的工艺参数和质量标准自动调整设备的运行状态,从而保证产品的质量和一致性。此外,高度的自动化还带来了生产成本的降低和产品质量的提高,使企业能够更好地满足市场需求,提高市场竞争力。同时,由于减少了人工操作,也降低了工作中的安全风险,为企业的可持续发展提供了保障。

(4)系统的集成性

系统的集成性是 FMS 得以高效运行的关键所在。在 FMS 中,各个组成部分如加工设备、物料运输系统、计算机控制系统等,并非孤立存在,而是被精心设计和整合成一个协同工作的整体。这种集成性确保了各个部分之间能够顺畅地交换信息、协调动作,从而实现生产过程的自动化和智能化。通过紧密集成,FMS 不仅提高了生产效率,还降低了故障率和维护成本。此外,这种集成性还使得 FMS 能够灵活应对生产过程中的各种变化,确保生产的稳定性和可靠性。

(5)对生产环境的适应性

FMS 通过灵活的设计和配置,能够适应各种不同的生产环境和生产需求,包括产品种类的变化、生产批量的变化等。FMS 具有很高的灵活性,可以根据不同的产品设计和工艺要求,快速调整设备布局和工艺流程,实现不同产品的高效生产。这使得企业能够快速响应市场变化,满足客户多样化的需求。FMS 也能够适应不同的生产批量。无论是小批量定制化生产,还是大批量标准化生产,FMS 都能够通过自动化的设备调度和优化的生产计划,实现高效、稳定的生产。此外,FMS 还能够适应不同的生产环境。例如,在复杂的生产环境中,FMS 可以通过集成先进的传感器和控制系统,实时监测和控制生产过程,确保生产质量。而在恶劣的生产环境下,FMS 也可以通过选用适合的材料和防护措施,保证设备的稳定运行。

(6)生产过程的优化

生产过程优化的实现得益于计算机控制系统和各类软件的协同工作。在 FMS 中,计算机控制系统扮演着"指挥官"的角色,它不断收集来自各个生产环节的数据,如设备状态、物料流动、产品质量等。同时,配合先进的生产管理软件、数据分析工具等,系统能够对这些数据进行实时分析,识别生产瓶颈、预测潜在问题,并自动或半自动地调整生产参数、优化生产流程。这种持续的优化不仅提高了生产效率,还显著提升了产品质量和客户满意度。

(二)FMS 的工作原理

1. 生产流程分析

(1)生产调度

在 FMS 的运行过程中,生产调度软件扮演着至关重要的角色。这款软件会全面收集并分析多种信息,如订单需求、设备状态以及物料库存等,以确保生产能够按照最优方案进行。基于这些信息,生产调度软件会精心制订生产计划,它会智能地决定哪些产品应该在哪些设备上生产,以及这些产品的生产顺序。这样的决策不仅确保了生产的高效性,而且有效避免了设备冲突和物料短缺等潜在问题。

(2)设备调度与准备

在 FMS 中,设备调度与准备是一个关键环节,而计算机控制系统则在这个环节中发挥着决定性作用。当生产调度软件制订出生产计划后,计算机控制系统会迅速响应,根据计划内容自动调整设备的各项参数。无论是加工速度、切削深度还是刀具选择,系统都会进行细致的优化,以确保设备能以最佳状态进行生产。同时,计算机控制系统还会自动调整工具和夹具的配置,以适应不同产品的生产需求。这种高度自动化的设备调度与准备过程,不仅提高了生产效率,而且确保了生产过程的稳定性和产品质量的一致性。

(3)物料搬运

物料搬运是生产过程中的重要环节,它涉及物料的存储、运输和配送等多个步骤。一个高效的物料运输系统能够根据实时的生产计划和设备状态,自动地将所需的物料从仓库中取出,并准确无误地运送到指定的生产设备处,确保生产过程的顺畅进行。这种自动化的过程不仅极大提高了工作效率,减少了人力成本,还能保证物料供应的及时性和准确性,避免因物料短缺或延误而影响生产进度。同时,物料搬运系统的优化也能有效减少物料在运输过程中的损耗和浪费,从而提高整体的生产效益。

2. 加工过程

(1)设备自动化

设备自动化确保了加工设备能够根据计算机控制系统的指令,自主并精准地完成一系列复杂的加工任务。从工件的装夹到定位,再到精细的加工过程,设备自动化都扮演着至关重要的角色。这种自动化的加工方式不仅大幅提升了生产效率和加工精度，也降低了人为操作带来的误差和安全隐患。通过设备自动化，FMS能够实现对生产过程的精确控制，从而确保产品质量和生产效率的稳定提升。可以说，设备自动化是FMS实现高效、高质量生产的重要保障。

（2）实时数据监控

实时数据监控是FMS中的一项关键技术，它通过传感器和检测设备实时收集加工过程中的各种数据，如加工参数、工件质量等。这些数据是反映生产过程实际状态的重要依据，对于确保产品质量和提高生产效率至关重要。在FMS中，这些数据会被实时传输给计算机控制系统进行分析和处理。系统通过对这些数据的实时监测和分析，能够及时发现生产过程中的异常情况和潜在问题，从而采取相应的调整措施，确保生产过程的稳定性和产品质量的一致性。

3. 质量控制与决策优化

（1）质量检测

质量检测系统是FMS中不可或缺的一环。在工件加工完成后，质量检测系统会迅速对其进行质量检查，确保产品符合既定标准。一旦发现任何质量问题，系统会立即自动调整加工参数，或者触发警报，以便操作人员迅速介入处理。这种及时的质量反馈机制，确保了FMS生产出的每一件产品都达到优质标准。

（2）决策优化

在FMS中，决策优化是一个持续且关键的过程。计算机控制系统实时收集数据，并结合质量控制的结果，对生产过程进行深度分析和优化。这种分析不仅关注当前的生产效率和产品质量，还预测未来的生产趋势和可能的问题。基于这些分析，系统会智能地调整生产计划，优化设备配置，甚至预测并预防潜在的生产风险。这种实时的决策优化确保了 FMS 在面对复杂多变的生产环境时,始终能够保持高效且高质量的生产状态,为企业的持续发展和市场竞争提供强大的支持。

4. 系统集成与协同

系统集成与协同是 FMS 能够高效、灵活运作的核心所在。在 FMS 中,各个组成部分,如加工设备、物料运输系统和计算机控制系统等,通过精密的设计和先进的技术实现高度集成。它们不再是孤立的单元,而是协同工作的整体。这种集成和协同确保了生产过程中信息流的畅通无阻,使得各个环节能够紧密配合,共同应对市场的快速变化和生产需求的多样性。当市场需求发生变化时,FMS 能够迅速调整生产计划,优化资源配置,确保生产的高效性和灵活性。这种集成与协同的工作模式使得 FMS 在现代制造业中脱颖而出,成为应对复杂生产环境、提升竞争力的关键所在。

(三)FMS 的应用场景

1. 定制化生产

在定制化生产场景中,FMS 展现出了其独特的优势。由于定制化产品往往涉及小批量、多品种的生产,传统的生产线往往难以快速适应这种多变的需求。然而,FMS 凭借其卓越的设备灵活性和生产快速调整能力,轻松应对了这一挑战。FMS 系统中的设备能够迅速更换工具和夹具,并通过灵活的编程适应不同的生产工艺要求。这种高度的灵活性使得 FMS 能够在短时间内完成从一种产品到另一种产品的转换,从而满足定制化生产的需求。

2. 多品种小批量生产

在多品种小批量生产的场景中,FMS 展现出了其无与伦比的竞争力。由于市场需求的多样性和快速变化,传统生产线往往难以应对这种复杂的生产环境。然而,FMS 通过其灵活的设备配置和智能的生产调度,成功地解决了这一难题。FMS 的设备可以根据不同的生产需求进行灵活调整,同时配合智能的生产调度系统,确保生产过程的高效协同。这种灵活性使得 FMS 能够在短时间内完成多种不同产品的生产,并保持较高的生产效率。

3. 新产品研发与生产

在新产品研发与生产的场景中,FMS 的集成性和生产过程优化特点得到了充分体现。新产品的研发是一个复杂且充满挑战的过程,往往伴随着大量的试验和修改工作,需要生产线具备高度的灵活性和可调整性。而 FMS 恰好能够满足这一需求。FMS 通过紧密的系统集成,实现了设备、物料、信息的高度统一和协调,使得生产线能够快速响应产品设计的变化,进行相应的设备配置和工艺参数调整,从而适应新产品的生产要求。这种灵活性使得企业在面对市场需求变化时,能够迅速推出新产品,抢占市场先机。FMS 通过智能的生产过程优化,实现了生产效率和质量的提升。它能够对生产过程中的各个环节进行实时监控和数据分析,发现并解决生产瓶颈,优化工艺流程,降低废品率,提高产品质量。同时,FMS 还能通过对资源的合理调度和使用,减少浪费,降低生产成本,提高企业的经济效益。

4. 高度自动化的生产线

在高度自动化的生产线中,FMS 发挥着核心作用。通过集成高精度、高速度和高性能的自动化设备,以及智能的生产调度和紧密的系统集成,FMS 能够实现生产过程的全面自动化,显著提高生产效率和产品质量。FMS 中的自动化设备具有高精度的特点,能够在保证产品质量的同时,极大提高生产效率。例如,在汽车制造业中,机器人可以精确地完成焊接、装配等任务,既避免了人工操作可能带来的误差,又提高了生产速度。FMS 的智能生产调度系统可以根据订单需求、设备状态等因素,动态调整生产计划和资源分配,确保生产过程的高效运行。这种灵活性使得企业在面对市场需求变化时,能够快速调整生产策略,满足客户的需求。此外,FMS的紧密系统集成还实现了设备、物料、信息的高度统一和协调,使得生产线能够进行高效的协同工作,进一步提升生产效率。这种应用场景常见于汽车、电子、航空航天等高科技制造业中。这些行业的产品通常具有较高的技术含量和复杂性,需要精密的生产和严格的品质控制,而FMS恰好能满足这些要求。

三、智能制造系统(IMS)

(一)IMS的工作原理

IMS的工作原理是基于高度集成和协同工作的多个子系统和技术组件,通过信息物理融合的方式,实现制造过程的智能化和自动化。

1. 数据集成与共享

在IMS中,数据的集成与共享是实现智能化决策和优化的基础。首先,通过企业资源规划(ERP)系统,IMS整合了企业的供应链、财务和人力资源等关键信息,为管理层提供了全局视角。其次,制造执行系统(MES)确保了生产现场的数据能够实时上传和监控,包括生产进度、设备状态、工人绩效等。此外,产品数据管理(PDM)系统为产品设计数据和工艺数据提供了统一的存储和访问平台。所有这些数据都通过IMS的统一数据平台进行集成和共享,确保各个部门和系统能够基于同一套数据进行协同工作。这种集成与共享不仅提高了数据的一致性和准确性,还为后续的智能决策和优化提供了坚实的数据基础。

2. 实时监测与感知

通过部署在制造现场的传感器和执行器,IMS能够实时监测并收集制造过程中的各种参数和状态信息,如温度、压力、位置、速度等。这些数据通过高速网络通信系统传输到数据处理中心,经过高效的数据分析和处理技术,使得 IMS 能够对制造过程进行全面、深入的感知和理解。这一过程中,IMS 不仅能够实时监控设备的工作状态,还能够预测可能出现的问题,并提前采取预防措施。此外,通过对大量历史数据的学习和分析,IMS 还能不断优化生产流程,提高产品质量和生产效率。这种基于实时数据的智能感知和理解能力,是 IMS 实现智能制造的关键所在。

3. 智能决策与优化

基于实时数据和历史数据的融合,IMS 运用先进的人工智能技术,如机器学习、深度学习等,对制造过程进行深度分析。同时,结合大数据分析技术,IMS 能够挖掘数据中的潜在价值,预测未来的生产趋势和问题。在此基础上,通过优化算法的应用,IMS 能够智能地调整生产计划、优化设备参数、选择最佳工艺路线等。这些决策和优化的目的,都是为了提高制造效率、降低成本、提升产品质量,从而增强企业的市场竞争力。这一过程不仅展现了 IMS 的智能化特点,也体现了其在制造业中的重要价值。

4. 控制执行与协同工作

根据智能决策和优化的结果,IMS 通过先进的控制系统向制造现场的智能装备和机器人发出精确的指令,控制它们执行相应的动作和操作。这一过程中,IMS 能够实现对设备的远程监控和控制,使得生产过程更加灵活和高效。同时,IMS 还实现了各个子系统之间的协同工作,通过实时的数据交换和通信,确保制造过程中的各个环节能够紧密配合,无缝衔接。这种高度集成和协调的工作模式,不仅提高了生产效率,还减少了由于信息不对称和沟通不畅导致的错误和延误。此外,IMS 还能够通过对生产数据的实时分析和反馈,动态调整生产计划和工艺参数,以适应市场变化和客户需求,从而实现真正的定制化生产和智能制造。

5. 反馈调整与持续优化

在 IMS 的运作中,一个尤为关键的环节是持续的反馈调整机制。随着制造过程的推进,IMS 不断收集新产生的数据和反馈信息,这些数据涵盖了设备运行状况、生产效率、产品质量等多方面的实时信息。通过对这些数据的分析,IMS 能够评估当前制造状态,发现潜在问题,并据此对之前的决策和优化结果进行调整。这种调整可能涉及生产计划的微调、设备参数的优化、工艺流程的改进等。这种持续的反馈和调整过程确保了制造过程能够动态地适应各种变化,从而实现制造过程的持续优化和改进。这种灵活性和自我完善的能力是 IMS 在推动制造业智能化升级中的关键优势。

(二)IMS 的应用场景

IMS 作为现代制造业的核心组成部分,凭借其智能化、高效化和柔性化的特点,在多个领域展现出广阔的应用前景。

1. 离散制造行业

离散制造行业是 IMS 应用的主要领域之一,涵盖了汽车制造、机械制造、电子设备制造等多种复杂的生产过程。在这些行业中,IMS 能够实现从产品设计到生产制造的全程自动化和智能化,显著提高生产效率和产品质量,同时缩短产品上市时间,增强企业的竞争力。通过集成 CAD/CAM/CAE 等先进的设计工具,IMS 可以实现产品的快速设计和模拟,减少实物样机的制作,极大节省了时间和成本。同时,通过连接数控机床和机器人等智能装备,IMS 能够实现对生产过程的精确控制和实时监控,确保产品的质量和一致性。此外,通过与 MES(Manufacturing Execution System)和 ERP(Enterprise Resource Planning)等信息系统无缝集成,IMS 能够实现从订单管理、生产计划、物料采购到质量控制等各个业务环节的数字化和信息化,从而实现真正的智能制造。这种全方位的集成和优化,使得离散制造业能够以更高的效率、更低的成本和更短的时间响应市场变化和客户需求,从而在激烈的市场竞争中立于不败之地。

2. 流程制造行业

流程制造行业,如石油化工和钢铁冶炼,对生产过程的稳定性和安全性要求极高。在这一领域,IMS 的应用显得尤为重要。IMS通过部署先进的传感器和执行器,能够实时监测和控制生产过程中的各种参数和状态信息,如温度、压力、流量等。这些数据经过人工智能和大数据分析技术的处理后,可以为管理者提供有关生产过程的深入洞察。这使得 IMS 能够实现对生产过程的精确控制,不仅提高了生产效率和产品质量,还显著增强了生产过程的稳定性和安全性。

3. 定制化生产

随着消费者需求的多样化和个性化,定制化生产逐渐成为制造业的发展趋势。IMS 通过其高度的灵活性和可配置性,能够满足这一市场需求。在 IMS 的支持下,制造企业可以快速响应客户的需求变化,实现从大规模标准化生产向小批量、多品种、高复杂度的定制化生产的转变。IMS 通过快速更换工具、夹具和编程,以及智能决策和优化系统的支持,使得生产线能够在短时间内完成不同产品之间的转换,从而极大提高了生产效率和客户满意度。这种灵活的生产模式不仅能够满足消费者的个性化需求,也为企业带来了更高的经济效益。此外,IMS 还可以通过对生产数据的实时采集和分析,帮助企业发现生产过程中的瓶颈和问题,进行持续改进和优化,进一步提高生产效率和质量。

4. 智能供应链管理

在智能制造时代,智能供应链管理成为企业竞争力的关键。通过将供应链管理系统与 IMS 深度集成,企业能够实时监测和控制供应链的全过程。这意味着从供应商管理、库存管理到物流配送,所有环节都变得透明和可控。IMS 利用先进的算法和模型,为企业提供智能决策支持,优化库存水平、减少缺货风险、提高物流效率。这种智能化的管理方式不仅降低了运营成本,还增强了供应链的可靠性和灵活性,为企业赢得了市场先机,进一步提升了企业的整体竞争力。

5. 智能工厂与车间

智能工厂和车间是 IMS 的核心应用场景之一。在这个场景中,IMS 通过集成智能装备、传感器与执行器、网络通信系统以及智能决策与优化系统等组件,实现了工厂和车间的全面智能化。在智能工厂和车间中,制造过程能够实现自动化、信息化和智能化。自动化技术使得生产线可以自动完成各种复杂的生产任务,而无需人工干预;信息化技术则将生产数据实时传输到控制系统,以便进行数据分析和决策;智能化技术则利用人工智能算法对生产过程进行优化,提高生产效率和质量。此外,IMS 还可以通过优化能源使用,降低能耗和减少排放,推动制造业的可持续发展。例如,通过对设备运行状态的实时监控和预测性维护,可以减少设备故障和停机时间,从而降低能耗;通过优化生产调度和物流管理,可以减少不必要的资源浪费和环境污染。

第二章　机械维修技术

第一节　机械失效与故障诊断

一、机械失效与故障诊断概述

(一)机械失效的定义

机械失效,从学术性角度来看,是指机械设备或其在运行过程中,由于设计、制造、使用、环境等多种因素导致的性能下降或功能丧失的现象。这种失效可能表现为设备的工作精度降低、运行效率下降、安全性减弱,甚至发生灾难性的破坏。机械失效不仅影响设备的正常运行,还可能导致生产中断、维修成本增加,甚至可能引发安全事故。

机械失效的原因多种多样,包括但不限于设计缺陷、材料老化、操作不当、维护不足以及恶劣的环境条件等。这些因素可能会单独或共同作用,导致设备的性能逐渐退化,最终引发机械失效。对于设备本身来说,失效可能会导致设备的使用寿命缩短,工作效率降低,甚至无法继续使用。对于使用者来说,机械失效可能会带来经济上的损失,例如维修费用的增加,以及生产效率的降低。更严重的是,机械失效还可能对人员安全构成威胁,引发安全事故。预防和管理机械失效是机械设备使用过程中的重要任务。这需要通过科学的设计、合理的使用、定期的维护以及有效的监测手段,来减少机械失效的风险,确保设备的正常运行和人员的安全。同时,对于已经发生的机械失效,也需要进行详细的分析和研究,找出失效的原因,以便采取相应的措施,防止类似问题的再次发生。

(二)故障诊断

故障诊断是机械工程领域中的一项关键技术,旨在通过监测、分析和处理机械设备在运行过程中产生的各种信息,识别出设备中存在的故障或潜在问题,并预测其发展趋势。故障诊断技术的学术性研究,不仅有助于增强机械设备的可靠性和安全性,也有助于实现设备的预防性维护和智能化管理。故障诊断是指通过一系列的技术手段和方法,对机械设备在运行过程中出现的异常现象、性能下降或功能丧失等问题进行识别、分析和定位的过程。其目的是了解故障的原因、性质和影响程度,为后续的故障处理、维修和预防措施提供决策支持。

故障诊断的方法与技术多种多样,常见的包括基于模型的故障诊断、基于数据的故障诊断和基于知识的故障诊断等。其中,基于数据的故障诊断方法因其灵活性和实用性而受到广泛关注,包括时间序列分析、频谱分析、小波分析、神经网络、支持向量机等在内的多种算法被广泛应用于故障诊断领域。

二、机械失效的机理

(一)磨损失效

1. 黏着磨损

黏着磨损是一种典型的磨损形式,它发生在两个接触表面在相对运动过程中。在这些接触点,由于摩擦力的作用,材料表面的微小凸起(微凸体)会经历塑性变形,并可能黏着在一起。这种黏着现象是由于材料表面的微观不平整和分子间的吸引力共同作用的结果。随着相对运动的继续进行,黏着点在剪切力的作用下会断裂,导致材料从一个表面被剥离并转移到另一个表面。这个过程不仅会导致表面粗糙度提升,还可能引发更严重的磨损,甚至导致设备性能下降或失效。

2. 磨粒磨损

磨粒磨损是一种普遍存在于机械设备中的磨损形式。这种磨损主要是由于外部环境中存在的磨粒,如沙尘、金属屑等,或者机械设备内部因磨损产生的金属颗粒。这些磨粒在机械设备运行时,会在零件表面之间起到切削作用,导致表面材料的逐渐去除。这种去除过程类似于砂纸对木材的打磨效果,会逐渐削弱零件的表面完整性和性能。磨粒磨损不仅会导致零件尺寸的减小,还可能引发更严重的表面损伤,如划痕、凹坑等。为了减轻磨粒磨损的影响,需要采取有效的防护措施,如加强设备密封、定期清洁和更换润滑油等,以确保机械设备的长期稳定运行。

3. 表面疲劳磨损

表面疲劳磨损,是指当材料在反复的应力作用下,其表面会因疲劳而产生破损,并逐渐形成裂纹。这些裂纹会随着时间的推移不断扩展,最终导致材料表面的部分区域发生剥落现象。这种磨损形式在滚动接触和循环加载的环境中尤为常见,例如轴承、齿轮等机械部件。这些部件在运行过程中经常需要承受反复的负荷变化,因此很容易出现表面疲劳磨损的现象。对于这种情况,通常需要通过改进设计、选择合适的材料或采用表面处理技术等方式来提高其抗疲劳磨损的能力。

4. 腐蚀磨损

腐蚀磨损,是指在材料的摩擦过程中,由于环境因素(例如水分、氧气、腐蚀介质等)的作用,材料表面会发生化学反应或电化学反应,从而导致材料表面的损失。这种磨损形式通常与氧化、腐蚀和电化学腐蚀等过程密切相关。当材料接触到这些有害环境因素时,其表面可能会被氧化或腐蚀,形成一层不稳定的化合物。在随后的摩擦过程中,这层化合物会被不断磨损掉,进一步加剧了材料的损耗。腐蚀磨损是一个复杂的过程,它涉及物理、化学等多个方面的因素。为了防止或减缓腐蚀磨损的发生,通常需要采取一些针对性的措施,例如选择耐腐蚀的材料、改善工作环境、采用表面处理技术等。通过这些方法,可以有效延长材料的使用寿命,提高设备的工作效率。

(二)断裂失效

1. 疲劳断裂

疲劳断裂是机械工程中一种重要的失效模式,通常发生在材料受到循环或交变应力作用时。这种断裂方式具有显著的特点,即断裂前材料会经历一段长时间的应力循环,期间可能没有明显的宏观塑性变形,但微观损伤逐渐累积,最终导致断裂。疲劳断裂的机理涉及材料微观结构的变化和应力循环的累积效应。在循环应力作用下,材料内部的微观缺陷(如晶界、夹杂物、空位等)逐渐扩展,形成微裂纹。随着应力循环次数的增加,这些微裂纹逐渐长大并连接,形成宏观裂纹。当宏观裂纹扩展至一定程度时,材料发生断裂。疲劳断裂通常分为高周疲劳和低周疲劳。高周疲劳发生在应力水平较低、应力循环次数较高的情况下,主要表现为微观裂纹的萌生和扩展。低周疲劳则发生在应力水平较高、应力循环次数较少的情况下,主要表现为宏观塑性变形和断裂。

2. 应力腐蚀断裂

应力腐蚀断裂是一种特殊的断裂失效模式,发生在金属材料在拉应力和特定腐蚀环境的共同作用下。这种断裂方式具有极强的危害性,因为它往往在没有明显预兆的情况下突然发生,导致设备的灾难性失效。应力腐蚀断裂的机理涉及应力、腐蚀和材料性能的相互作用。在应力和腐蚀环境的共同作用下,材料表面形成微小裂纹或腐蚀坑。随着应力的持续作用,这些微小缺陷逐渐扩展并连接,最终导致断裂。这一过程通常包括应力集中、腐蚀加速和裂纹扩展三个阶段。

3. 脆性断裂

脆性断裂是机械工程中一种常见的断裂模式,其特点是在较低应力或没有明显塑性变形的情况下材料突然发生断裂。这种断裂方式通常发生在脆性材料或在高应力、低温度条件下。脆性断裂的机理主要涉及材料内部微观结构的快速破坏和应力集中。在脆性材料中,由于晶粒粗大、相界面脆弱或存在大量内部缺陷,材料在受到应力时难以发生塑性变形,而是直接通过裂纹扩展导致断裂。此外,低温环境会降低材料的塑性,使其更倾向于脆性断裂。

(三) 变形失效

1. 弹性变形

弹性变形是材料在受到外力作用时发生的一种可逆变形。当外力去除后,材料能够完全恢复到原始状态,不留下任何永久变形。这种现象是材料力学中的一个基本概念,对理解材料的力学行为和设计工程结构具有重要意义。弹性变形的机理主要涉及材料内部原子或分子的相对位置变化。当材料受到外力作用时,原子或分子之间的平衡位置被打破,导致它们之间的相互作用力发生变化。这种变化使得原子或分子发生相对位移,从而导致材料发生宏观上的变形。然而,这些相对位移在去除外力后能够完全恢复,因为原子或分子之间的相互作用力会重新建立平衡。弹性变形在工程中有广泛应用,如弹簧、减震器、弹性联轴器等。这些应用都利用了材料的弹性变形特性来实现特定的功能,如储能、减震、传递力等。此外,在材料力学和结构力学中,弹性变形是分析和设计工程结构的基础。通过计算材料的弹性变形,可以评估结构的承载能力、刚度等性能指标,为工程实践提供理论支持。

2. 塑性变形

塑性变形是材料在受到外力作用时发生的一种不可逆变形。与弹性变形不同,塑性变形会导致材料在去除外力后留下永久性的形状改变。这种变形行为是材料力学中的一个重要特性,对于理解材料的力学性能和设计工程结构具有重要意义。塑性变形的机理涉及材料内部微观结构的改变。当材料受到外力作用时,原子或分子的相对位置发生不可逆的变化,导致材料的微观结构发生永久性的改变。这种改变通常伴随着错位、滑移、孪生等微观机制的发生。位错是指晶体中原子排列的规则性被破坏,形成了局部的原子错位;滑移是指晶体中的一部分相对于另一部分沿某一滑移面进行滑动;孪生则是指晶体中的一部分通过镜像对称的方式相对于另一部分进行移动。这些微观机制共同作用,导致材料发生宏观上的塑性变形。塑性变形在工程中有广泛应用,如金属加工、塑性成形等。通过控制塑性变形过程,可以实现材料的形状改变、强化等目的。例如,在金属加工中,通过轧制、锻造等塑性成形工艺,可以实现金属材料的形状改变和性能提升。此外,塑性变形还广泛应用于塑性力学、断裂力学等领域的研究中,为工程实践提供理论支持。

3. 蠕变

蠕变是指材料在恒定应力或恒定应变下,随时间延长而发生的缓慢塑性变形。这一现象通常发生在高温或长时间加载的条件下,对许多工程材料的长期性能和寿命有重要影响。蠕变的机理涉及材料内部微观结构的逐步调整和重排。在恒定应力或应变下，材料内部原子或分子的平衡状态被破坏，导致它们逐渐重新排列以适应新的应力状态。这个过程是缓慢的，因为原子或分子的移动需要克服能量势垒。蠕变通常与材料的扩散过程密切相关，涉及空位、原子迁移和晶界滑移等微观机制。蠕变在许多工程领域中都有重要应用，如航空航天、能源、石油化工等。在这些领域中，材料需要承受高温和长时间加载的条件，蠕变性能成为评估材料长期可靠性的重要指标。

三、故障诊断技术

（一）振动分析

1. 振动分析的基本原理

振动分析是一种基于机械系统振动信号的故障诊断技术。机械系统在运行时，由于各种因素如不平衡、松动、磨损等，会产生振动。这些振动信号携带着系统运行状况、潜在故障以及其他重要信息。通过采集和分析这些振动信号，我们可以深入了解机械系统的健康状况。

振动分析的基本原理在于，不同类型的故障或异常会导致特定的振动模式。例如，轴承磨损可能导致高频振动，而齿轮不平衡可能产生周期性振动。通过采集这些振动信号，并运用先进的信号处理技术，如频谱分析、时域分析、小波分析等，我们可以提取出与故障相关的特征，从而准确识别出潜在的故障模式。振动分析不仅能够帮助我们及时发现和修复故障，还能预测系统的剩余寿命，为预防性维护提供重要依据。

2. 振动分析的方法

（1）时域分析

时域分析是振动信号分析的一种基本方法,其核心思想是在时间轴上直接观察和研究信号的特征。这种方法主要是通过检测和分析振动信号在不同时刻的幅度、频率和相位等参数变化,来判断设备的工作状态和故障类型。在实际应用中,技术人员通常会使用示波器或数据采集系统等工具,记录设备运行过程中的振动信号,并生成相应的时域波形图。通过对这些波形图进行细致的观察和解读,可以发现许多有价值的信息。例如,通过比较正常运行和异常运行状态下信号的峰值和周期变化,可以判断设备是否存在过度磨损、松动或其他机械问题。此外,时域分析还可以揭示出一些突发性故障的迹象,如冲击、共振和不稳定等现象。

（2）频域分析

频域分析是一种在故障诊断中常用的信号处理技术。其核心思想是通过傅里叶变换,将采集到的时间域(时域)信号转换为频率域(频域)信号。这种转换使我们能够观察到信号在不同频率下的成分和强度,即信号的频谱特征。在故障诊断中,特定的故障模式往往与特定的频率相关。例如,机械系统中的某些部件损坏或磨损,可能会导致在特定频率下出现峰值。通过频域分析,我们可以识别这些与特定频率相关的故障特征,从而更加准确地诊断故障类型和位置。频域分析不仅提供了对信号频率成分的深入了解,还为后续的故障识别、分类和预测提供了重要依据。

（3）时频分析

时频分析是一种结合了时域和频域分析的信号处理方法,它能够揭示出信号在不同时间段内的频率特性变化,对于非平稳信号的分析具有显著的优势。这种方法的核心思想是将信号的时间信息和频率信息同时展现在一张图上,从而更直观地观察到信号随时间演变的动态过程。在实际应用中,时频分析广泛应用于各种工程领域,如机械故障诊断、语音识别等。通过对时频图的分析,技术人员可以快速定位到信号中的异常成分,如谐波、边带、噪声等,并根据这些信息来判断设备的工作状态和故障类型。常见的时频分析方法包括短时傅里叶变换(STFT)、小波变换(WT)、Wigner-Ville 分布(WVD)等。其中,STFT 通过窗口函数实现了对信号的分段处理,使得频谱能够在不同时刻发生变化;而 WT 则利用多尺度分析的思想,能够自适应地捕捉到信号中不同频率成分的变化情况。

3. 振动分析的应用

振动分析作为一种重要的故障诊断技术,其应用范围广泛,涵盖了旋转机械、往复机械以及其他各种机械系统。在旋转机械中,如轴承、齿轮和电机等,振动分析能够检测不平衡、松动部件、磨损和裂纹等故障模式。通过实时监测和分析振动信号,可以及时发现潜在问题,避免设备损坏和生产中断。同时,在往复机械和活塞发动机中,振动分析同样发挥着重要作用。它能够监测活塞、曲轴等关键部件的运行状态,确保发动机的稳定性和可靠性。

(二)油液分析

1. 油液分析的基本原理

油液分析是一种基于对机械设备中润滑油或工作液进行化学和物理性质检测的诊断技术。其基本原理在于这些液体在设备运行过程中与各种材料和表面接触时,会携带大量的信息,包括磨损颗粒、污染物、添加剂消耗以及油液本身的化学变化等。这些信息反映了设备的运行状态、磨损程度以及潜在故障的可能性。通过对油液样本进行详细的实验室测试,如黏度测量、元素分析、光谱分析、铁磁颗粒计数等,可以提取出这些关键的信息。然后,通过对比标准值或历史数据,评估设备的健康状况,并预测可能出现的问题。

2. 油液分析的方法

(1)光谱分析

光谱分析是一种高效的故障诊断技术,尤其在评估设备磨损类型和程度方面发挥着关键作用。通过原子发射光谱、原子吸收光谱或电感耦合等离子体质谱等技术,光谱分析能够精准地检测油液中的金属元素含量。这些金属元素通常是由设备内部部件磨损产生的。当设备内部部件发生磨损时,磨损的颗粒会随润滑油进入油液,导致油液中金属元素含量增加。通过光谱分析,我们可以测量这些元素的含量,进而推断出磨损的类型和程度。例如,某些金属元素的含量增加可能指示着齿轮或轴承的磨损,而其他元素的增加则可能表示发动机或其他关键部件的问题。

(2)颗粒计数

颗粒计数是油液分析中的一个重要环节,其目的是通过对油液中固体颗粒的数量和尺寸分布进行精确测量,来评估设备的磨损程度和污染状况。这一过程通常采用专门的颗粒计数器来进行。颗粒计数器是一种精密仪器,它可以将油液样本中的颗粒按照大小进行分类,并分别计数。通过这种方式,可以得到一个详细的颗粒数量和尺寸分布报告。这份报告对于理解设备的运行状态具有重要价值。一般来说,如果油液中的颗粒数量过多或者尺寸过大,可能意味着设备存在严重的磨损或污染问题。因此,颗粒计数结果常常被用来作为判断设备健康状况的一个重要指标。此外,颗粒计数还可以用于监测过滤系统的效率,以及评估新的润滑油的质量。

(3)化学分析

化学分析是一种评估油液质量及其润滑性能的重要手段。通过检测油液中的各种化学指标,如添加剂含量、酸值、水分和黏度等,我们可以全面了解油液的劣化程度和润滑性能。添加剂含量反映了油液中各种功能添加剂的剩余量,这些添加剂对于保持油液的稳定性和延长使用寿命至关重要。酸值则揭示了油液中的酸性物质含量,高酸值可能意味着油液已经受到氧化或污染。水分的存在会严重影响油液的润滑性能,因此检测水分含量对于确保油液的正常使用至关重要。而黏度则是衡量油液流动性能的关键指标,它直接影响机械部件的润滑效果和磨损程度。

(4)显微分析

显微分析是油液分析中的一个重要方法,其目的是通过对油液中磨损颗粒、污染物和沉积物的形态、大小和分布进行观察和分析,来揭示设备的磨损机制和潜在故障。这一过程通常采用专门的显微镜来进行。显微镜是一种精密仪器,它可以将油液样本中的微观物体放大,以便我们能够清楚地看到它们的细节。通过这种方式,我们可以得到关于磨损颗粒、污染物和沉积物的丰富信息,包括它们的形状、大小和在油液中的分布情况。一般来说,这些微观物体的特性可以反映出设备的工作状态和健康状况。例如,如果发现有大量的大颗粒或者异常形状的颗粒,可能意味着设备存在严重的磨损或污染问题。

3. 油液分析的应用

油液分析作为一种高效、实用的故障诊断方法,广泛应用于各种机械设备的日常维护与故障诊断中。无论是发动机、齿轮箱、轴承还是液压系统,油液分析都发挥着不可或缺的作用。通过定期采集和分析油液样本,我们能够深入了解设备的运行状态,及时发现异常磨损、污染和润滑不良等问题。这些早期预警信息为预防性维护和故障预警提供了有力支持,使得企业能够提前采取相应措施,避免设备故障带来的生产中断和成本损失。

（三）声学诊断

1. 声学诊断的基本原理

声学诊断的核心原理在于声波与设备内部结构的相互作用。正常运行中的设备，其各个部件的振动和摩擦会产生特定的声波信号，这些信号在频率、振幅和相位上呈现稳定的特征。然而，一旦设备出现故障或性能下降，其内部结构的运行状态会发生改变，进而导致声波信号发生相应变化。这些变化可能表现为频率的偏移、振幅的增大或相位的异常。声学诊断正是通过分析这些变化，来推断设备的运行状态，进而识别出潜在的故障或问题。这种诊断方法不仅具有非侵入性，而且能够实时监测设备的运行状况，为设备的预防性维护和故障预警提供了有效的手段。

2. 声学诊断的应用

声学诊断在多个领域的应用展现了其强大的潜力和价值。在机械设备领域，它能够通过捕捉设备运行时的声音信号，有效识别轴承、齿轮和泵等关键部件的磨损或故障，从而及时进行维护或更换，避免生产中断。在交通运输领域，声学诊断同样发挥着重要作用，通过对车辆和轨道的声音分析，可以监测其运行状态，预测潜在的安全隐患，确保交通的顺畅和安全。在航空航天领域，声学诊断更是不可或缺的，它能够帮助检测飞机和火箭发动机的性能问题，为飞行安全提供有力保障。这些广泛的应用实例证明了声学诊断在故障诊断领域的重要地位。

第二节　常用机械维修技术

一、机械维修技术概览

（一）机械拆卸与装配

1.拆卸原则

（1）安全性原则

在进行设备拆卸工作时，安全性原则是必须严格遵守的首要原则。首先，操作人员的安全是最为重要的。这就要求我们在拆卸过程中使用适当的工具，避免因工具不合适或使用不当而引发安全事故。同时，我们还需要遵守相应的操作规程，这些规程通常是由专业的工程师根据设备的特点和拆卸工作的需求制定的，它们能够帮助我们安全、有效地完成拆卸任务。此外，穿戴防护装备也是保证操作人员安全的重要措施。例如，护目镜可以保护眼睛免受飞溅物的伤害，手套可以防止手部受伤，防尘口罩可以防止吸入有害粉尘等。除了确保操作人员的安全，我们还需要尽量避免对设备或零件造成二次损伤。这不仅会增加修复成本，还可能影响设备的性能和使用寿命。

（2）完整性原则

完整性原则在机械拆卸中占据至关重要的地位。在拆卸过程中，确保零件的完整性不仅能减少维修成本，还有助于后续再利用或修复工作的高效进行。特别是对于那些精密零件，其复杂度和高精度要求使得任何细微的损坏都可能影响其性能。因此，在拆卸这些精密零件时，操作人员需要具备高度的专业技能和细致的工作态度。使用适当的工具、遵循精确的操作步骤以及采用细致的拆卸方法都是确保零件完整性的关键。此外,对于拆卸下来的零件,进行妥善的保管和标记也是必不可少的,这有助于在装配时准确、迅速地将其复位。

(3)顺序性原则

顺序性原则是设备拆卸工作中的重要指导原则之一。它强调的是,我们在进行拆卸时,应遵循一定的顺序和步骤,而不是随意进行。一般来说,这个顺序是先外后内、先易后难。这是因为,外部的零件通常比较容易接触到,而且它们与内部零件的关联相对较小,因此我们可以先将它们拆下来。这样既可以减少零件之间的相互干扰,又可以让我们更好地了解设备的内部结构,为后续的拆卸工作打下基础。其次,应优先处理那些比较容易拆卸的零件。这是因为,这些零件通常不需要太复杂的工具或技术,而且它们的拆卸过程也比较简单,不容易出错。相比之下,那些比较难以拆卸的零件可能需要特殊的工具或技术,而且它们的拆卸过程也可能比较复杂,容易出现错误。

2. 拆卸方法

(1)击卸法

击卸法是一种在机械设备拆卸过程中常用的技巧,主要用于处理那些配合较紧的零部件。这种方法的基本原理是通过使用手锤、铜棒等工具,对零件进行轻轻敲击,使其产生微小的位移,从而达到松动的目的。在实际操作中,击卸法需要操作人员具备一定的技巧和经验。这是因为,如果敲击的力量过大或方向不正确,都可能对零件造成损伤。因此,操作人员应根据零件的具体情况,选择合适的工具和力度,还要注意观察零件的变化,以便及时调整敲击的方向和力度。此外,为了确保安全,操作人员还应在使用击卸法时佩戴防护装备,如手套、护目镜等。这样不仅可以保护自己的安全,也可以避免因意外情况导致设备损坏。

（2）拉拔法

拉拔法是一种专门用于大型或重型设备中过盈配合零件的拆卸方法。这种方法利用专用的拉拔器或液压千斤顶等工具，通过施加外力将零件从配合部位中拉出。在使用拉拔法时，选择合适的拉拔工具至关重要，因为不同的零件和配合部位可能需要不同类型的拉拔器。同时，遵循正确的操作步骤也是确保拆卸成功的关键。在拉拔过程中，操作人员需要确保工具与零件之间的良好配合，以避免对零件造成损伤。此外，控制拉拔力度和速度也非常重要，以防止过度用力导致零件损坏或变形。通过合理使用拉拔法，可以有效拆卸大型或重型设备中的过盈配合零件，为后续维修工作创造便利条件。

（3）顶压法

顶压法是一种在拆卸轴类零件时常用的技巧，其基本原理是在轴端施加压力，使轴及其上的零件一起从配合部位中顶出。这种方法的优点是操作简单、效率高，特别适用于那些由于磨损或锈蚀而难以拆卸的轴类零件。在使用顶压法时，我们需要确保顶压工具与轴端的良好配合。这是因为如果顶压工具与轴端的配合不紧密，就可能对轴端造成损伤，从而影响设备的正常运行。因此，我们应根据轴端的具体形状和尺寸，选择合适的顶压工具，并确保它们之间的配合良好。此外，为了确保安全，我们在使用顶压法时还应注意佩戴防护装备，如手套、护目镜等。

（4）温差法

温差法是一种利用材料热胀冷缩原理来进行拆卸的有效方法。通过在零件上加热或冷却，产生与配合部位之间的温差，进而减小摩擦力，使拆卸过程变得更为容易。这种方法特别适用于那些因长期运行而紧密配合或因材料膨胀系数差异导致难以拆卸的零件。然而，温差法的应用需要格外小心，因为它可能对材料的性能产生影响。控制温差的范围和速度至关重要,以防止因过度加热或冷却导致材料变形、开裂或性能下降。因此,在使用温差法时,操作人员需要具备丰富的经验和专业知识,以确保拆卸过程的安全和有效。同时,对于某些特殊材料或高精度零件,温差法可能并不适用,需要选择其他更为合适的拆卸方法。

(二)机械零件修复技术

1. 表面处理技术

(1)表面涂层技术

表面涂层技术是一种广泛应用于各种领域的先进制造技术,其主要目的是通过在零件表面涂覆一层或多层材料,以改善其表面性能。这种技术不仅可以增强零件的耐磨性、耐腐蚀性、耐热性等,从而延长零件的使用寿命,还可以赋予零件新的功能,如导电性、绝缘性、光学性质等。常见的涂层材料包括金属、陶瓷、塑料等,这些材料的选择取决于所需改进的表面性能以及应用环境。例如,为了提高耐磨性,我们可以选择硬度高的金属或陶瓷作为涂层材料;为了防腐蚀,我们可以选择耐腐蚀性强的塑料或陶瓷作为涂层材料。涂层可以通过多种方式应用到零件表面,如喷涂、电镀、热喷涂等。每种方法都有其特点和适用范围,需要根据具体情况进行选择。例如,喷涂适用于大面积、形状复杂的零件;电镀适用于小型、精细的零件;热喷涂适用于需要厚涂层的零件。

(2)表面改性技术

表面改性技术是一种通过改变零件表面的化学成分或组织结构,以改善其表面性能的方法。这种技术广泛应用于各种领域,如机械制造、航空航天、汽车制造等。例如,表面淬火、表面渗碳、表面氮化等技术可以增加零件表面的硬度和耐磨性,从而提高零件的使用寿命和工作性能。这些技术通过改变表面的化学成分和微观结构,使表面具有更高的硬度和更好的耐磨性。此外,随着科技的进步,激光表面处理、等离子表面处理等先进技术也在不断发展,为表面改性提供了新的手段。这些技术可以通过精确控制能量输入和材料反应,实现对表面性能的精细调控,从而满足更复杂的应用需求。

(3)表面修复技术

当零件表面出现磨损、腐蚀、裂纹等损伤时,可以采用表面修复技术进行修复。这种技术可以在不更换整个零件的情况下,恢复其表面的完整性和性能,从而节省维修成本和时间。焊接修复是一种常见的表面修复技术,它通过熔化金属填充到损伤部位,使其与原始材料结合在一起,达到修复的目的。这种方法适用于大面积的损伤修复,并且可以提供较高的强度和耐磨性。电镀修复则是通过电解的方式在零件表面沉积一层金属或合金,以恢复其表面性能。这种方法适用于小面积的损伤修复,并且可以根据需要选择不同的镀层材料,以满足不同的性能要求。喷涂修复则是在零件表面喷射一层热熔或冷凝的材料,以形成新的表面层。这种方法适用于各种形状和尺寸的零件,并且可以根据需要选择不同的喷涂材料,以满足不同的性能要求。

2. 焊接修复

(1)焊接修复的基本原理

焊接修复技术的核心在于其独特的修复原理。当焊接热源作用于零件表面时,它能够将修复材料(如焊丝、焊条等)和零件本身迅速加热至熔化状态。这一过程中,熔化的修复材料和零件表面形成了一种冶金结合,这种结合方式确保了修复的牢固性和耐久性。为了实现高质量的修复效果,必须对焊接参数进行严格控制,如电流、电压和焊接速度等。这些参数的合理设置直接影响焊接接头的质量,包括接头的强度、韧性和耐腐蚀性。同时,选择适当的焊接材料也是至关重要的,它必须与零件的材料相兼容,以确保修复后的零件性能与原始零件相近。

(2)焊接修复的分类

根据焊接热源的不同,焊接修复可分为多种类型,如手工电弧焊、气体保护焊、激光焊、等离子焊等。这些不同类型的焊接修复技术具有不同的特点和适用范围,可以根据零件材质、损伤情况和修复要求进行选择。

手工电弧焊是一种传统的焊接方法,它使用电极棒作为电极,通过电弧产生的高温熔化金属,完成焊接过程。这种方法操作简单,设备成本低,适用于各种材质的焊接,但在精度和效率上存在一定的局限性。气体保护焊则是在焊接过程中加入惰性气体,以防止空气中的氧气和氮气对焊接质量产生影响。这种方法可以提高焊接速度和质量,适用于不锈钢、铝、铜等材料的焊接。激光焊则是利用高能激光束照射到工件表面,使材料瞬间熔化并形成焊接。这种方法具有精度高、变形小、热影响区小等特点,适用于精密部件和薄板材料的焊接。等离子焊则是利用高温等离子体作为热源,将工件加热到熔点以上,实现焊接。这种方法具有速度快、熔深大、适应性强等特点,适用于厚板材料和大型结构件的焊接。选择合适的焊接修复技术需要综合考虑多个因素,包括零件材质、损伤情况、修复要求以及维修成本等。只有这样,才能确保修复的效果和经济性。

(3)焊接修复的优势与局限性

焊接修复技术在工业领域中具有显著的优势,它以其快速的修复速度、相对较低的成本和广泛的适用范围而备受青睐。无论是金属材料的零件还是结构件,焊接修复都能够实现高效、经济的修复效果。然而,与此同时,焊接修复技术也存在一些局限性。在焊接过程中,由于热输入的影响,零件可能会产生热应力,这可能导致零件的变形或产生残余应力。这些问题不仅会影响修复质量,还可能对零件的长期性能产生负面影响。因此,在应用焊接修复技术时,必须全面考虑其优缺点。为了确保修复质量和零件性能,需要采取一系列措施来降低潜在风险。例如,可以通过预热、后热、控制焊接参数等方法来减少热应力和变形。同时,在修复过程中,还应密切关注焊接接头的质量,确保焊接接头的强度和密封性满足要求。只有在充分了解和掌握焊接修复技术的优缺点,并采取相应的措施来降低潜在风险时,才能确保焊接修复技术的有效应用。

3. 机械加工修复

(1)机械加工修复的基本原理

机械加工修复,作为一种重要的修复手段,其基本原理在于利用切削工具对零件表面进行精确而细致的材料去除操作。这一过程中,切削工具通过去除零件表面的损伤层、磨损部分或不良表面层,旨在恢复零件的原始几何形状和尺寸精度。实际操作中,可以根据零件的具体情况和修复需求,灵活选择不同的切削工具、切削参数和加工方法。这些选择直接影响修复的质量和效率,合适的切削参数和加工方法能够实现对零件表面不同程度的精确修复,从而有效延长零件的使用寿命和提升设备的整体性能。

(2)机械加工修复的分类

机械加工修复技术的分类多种多样,其选择取决于具体的加工方式和工具。车削、铣削、磨削、钻削和刨削等是常见的加工类型。每种技术都有其独特的优势和适用范围。例如,车削主要用于圆柱形零件的修复,而铣削则更适用于平面和复杂形状的修复。磨削则常用于需要高精度表面的修复工作。钻削主要用于创建或修复孔,而刨削则更适用于去除大量材料或修复大型零件。在选择机械加工修复技术时,必须考虑零件的材料类型和损伤程度。

某些材料可能更适合某种加工方式,而某些损伤情况可能要求使用特定的技术。因此,对于每一种修复任务,都需要进行细致的分析和规划,以确保选择最适合的加工方式和工具,从而达到最佳的修复效果。

二、预防性维护与故障预警

(一)定期维护计划

预防性维护是一种积极主动的设备管理方法,其核心在于通过定期检查、清洁、润滑和更换磨损部件等手段,来预防设备故障和维护设备性能。这种方法的核心在于提前识别并处理可能导致设备故障的因素,从而在设备出现问题之前采取相应措施,避免生产中断和不必要的维修成本。定期维护计划是预防性维护的关键组成部分,它规定了设备维护的周期、内容和方法,确保了设备能够得到及时、有效的维护。通过精心制订和执行定期维护计划,企业可以确保设备的长期稳定运行,减少因设备故障导致的生产中断,提高生产效率。同时,预防性维护还能降低维修成本,因为许多小问题和故障在初期阶段就能被发现并修复,避免了后期更大的维修费用。此外,定期维护还有助于延长设备的使用寿命,提升设备的整体性能,为企业的可持续发展奠定坚实基础。

(二)故障预警系统

故障预警系统,作为现代维护策略的重要组成部分,旨在通过实时监测、数据分析与模式识别等技术手段,预测设备或系统在未来可能出现的故障。其学术性分析不仅涉及传感器技术、信号处理、机器学习等多个学科领域,还对工业安全、生产效率和成本控制等方面具有深远的影响。故障预警系统广泛应用于航空、能源、制造等多个领域。例如,在航空领域,通过对飞机发动机的实时监测与数据分析,可以预测潜在的安全隐患,避免飞行事故;在能源领域,故障预警系统可以及时发现风电、光伏等新能源设备的故障,确保能源供应的稳定性;在制造领域,该系统可以预测生产线的故障,减少生产中断,提高生产效率。近年来,随着传感器技术和机器学习算法的快速发展,故障预警系统的性能得到了显著提升。越来越多的研究关注于如何增强预警的准确性和实时性。

第三节 维修工具与设备

一、机械维修工具

(一)机械维修工具的分类与特点

机械维修工具的种类繁多,每种工具都有其独特的使用方式和功能。其中,手工工具是最基础且最常用的工具类别,如扳手、钳子、锤子等。这些工具的结构简单,使用起来非常方便,且成本相对较低,因此在机械维修中扮演着举足轻重的角色。无论是紧固螺丝、拆卸部件,还是敲击、夹持等操作,手工工具都能轻松应对。除了手工工具,动力工具也是机械维修中不可或缺的一部分。电动工具、气动工具等通过提供额外的动力源,能够大大提高维修工作的效率和省力程度。例如,电动螺丝刀可以快速拧紧或松开螺丝,气动扳手则可以轻松应对大扭矩的紧固工作。此外,测量工具在机械维修中也扮演着至关重要的角色。量具、检测仪器等可以对机械设备进行精确测量和故障诊断,为维修工作提供科学依据。通过这些工具的帮助,维修人员可以更加准确地判断设备的运行状态和故障原因,从而采取更加有效的维修措施。

(二)机械维修工具的应用领域

机械维修工具在多个工业领域中发挥着不可或缺的作用。以汽车制造领域为例,维修工具在汽车发动机、底盘、电气系统等各个部分的维修和保养中扮演着关键角色。它们确保了汽车部件的精确安装和调试,保证了汽车的性能和安全性。在航空航天领域,机械维修工具更是承担着保障飞机和航天器安全运行的重任。高精度、高可靠性的维修工具确保了飞机和航天器的精密部件得到准确维修,从而避免了潜在的安全风险。而在石油化工领域,由于工作环境通常较为恶劣,维修工具需要具备耐腐蚀、耐高温等特性。这些特殊设计的工具能够适应极端的工作环境,确保设备的正常运行和维护。综上所述,机械维修工具在各个领域中都发挥着至关重要的作用,它们为工业的发展提供了强有力的保障。

二、机械维修设备

(一)机械设备故障诊断设备

1. 振动分析仪

(1)工作原理

振动分析仪的工作原理基于振动理论和信号处理技术。它利用传感器将机械设备振动产生的物理量(如位移、速度、加速度等)转换成电信号,并对这些信号进行放大、滤波和数字化处理。通过对处理后的信号进行频谱分析、时域分析、模态分析等,振动分析仪能够提取出机械设备的振动特征参数,如频率、振幅、相位等,从而实现对设备振动状态的全面评估。

(2)功能与应用

振动分析仪具有多种功能和应用。首先,它可以用于机械设备的故障诊断。通过对设备振动信号的实时监测和分析,振动分析仪能够及时发现设备的异常情况,如轴承磨损、齿轮故障、不平衡等,为维修人员提供准确的故障定位和维修建议。其次,振动分析仪还可以用于机械设备的性能评估。通过对设备振动特征的提取和分析,可以评估设备的运行状态、振动水平和机械性能,为设备的优化和改进提供依据。此外,振动分析仪还可以用于预测维护。通过对设备振动状态的长期监测和分析,可以预测设备的维护周期和更换时间,实现预防性维护,降低维修成本和生产中断的风险。

(3)技术发展与挑战

随着科技的进步和工业生产的需求不断提高,振动分析仪也在不断发展和完善。目前,振动分析仪已经实现了高度集成化和智能化,具有更高的精度和可靠性。同时,随着大数据和人工智能技术的应用,振动分析仪的数据处理能力和故障诊断准确性也得到了显著提升。然而,振动分析仪在实际应用中仍面临一些挑战。例如,对于复杂机械系统的振动分析,需要更加精细的模型和算法来提高诊断精度;对于非线性、非平稳振动信号的处理,也需要更加先进的信号处理技术和方法。

2. 油液分析仪

(1)工作原理

油液分析仪的工作原理涉及多个分析技术和方法。首先,通过采样阀或自动取样器从机械设备的润滑系统中提取油样。然后,这些油样被送入分析仪中,经过一系列的处理和分析步骤。

①化学分析。通过测量油中的添加剂、基础油和其他化学物质的含量,可以评估油的老化程度和污染程度。

②物理分析。包括黏度、密度、闪点等物理性质的测量,这些参数可以反映油的整体质量和润滑性能。

③微观颗粒分析。通过显微镜或颗粒计数器等设备,检测油中的磨损颗粒和其他污染物,从而推断设备的磨损状况和潜在故障。

（2）功能与应用

油液分析仪具备多种功能和应用价值。首先,它能够提供关于机械设备润滑状态的实时数据,帮助操作员和维护人员了解设备的运行状态。其次,通过分析油中的磨损颗粒和污染物,油液分析仪能够预测设备的故障趋势,为预防性维护提供决策支持。此外,油液分析还可以用于评估润滑油的质量和使用寿命,指导润滑油的更换周期和选型。

（3）优势与挑战

油液分析技术的优势在于其非侵入性和早期预警能力。通过定期分析润滑油,可以在设备出现故障之前采取措施,避免生产中断和维修成本上升。然而,油液分析技术也面临一些挑战。例如,油样的采集和处理过程需要严格遵守操作规程,以确保分析结果的准确性。此外,不同设备和工作环境下的润滑油特性可能存在差异,因此需要针对具体情况进行定制化分析。

3. 声学诊断设备

（1）工作原理

声学诊断设备的工作原理基于声音的产生、传播和接收原理。声音是由机械振动产生的,通过介质(如空气、固体等)传播,最终被传感器接收并转换成电信号。声学诊断设备利用高灵敏度的声音传感器(如麦克风、加速度计等)捕捉机械设备运行过程中的声音信号,并对这些信号进行放大、滤波和处理。在信号处理方面,声学诊断设备通常采用时域分析、频域分析和时频联合分析等方法。时域分析主要关注声音信号随时间的变化,频域分析则关注声音信号的频率成分和能量分布。时频联合分析则能够同时揭示声音信号在时间和频率上的变化特征,为故障诊断提供更全面的信息。

(2)功能与应用

声学诊断设备具备多种功能和应用。首先,它能够实时监测机械设备的运行状态,通过声音信号的变化感知设备内部的异常情况。其次,声学诊断设备可以对设备进行故障诊断和定位,通过声音信号的特征提取和模式识别,判断设备的故障类型和位置。此外,声学诊断还可以用于设备的性能评估和预测维护。通过对设备正常运行和故障状态下的声音信号进行对比分析,可以评估设备的性能状态,预测设备的维护周期和更换时间。

(3)优势与挑战

声学诊断设备的优势在于其非接触性和实时性。通过声音信号的采集和分析,可以在不拆卸设备的情况下进行故障诊断和性能评估,降低了维护成本和生产中断的风险。同时,声学诊断技术可以实时监测设备的运行状态,及时发现潜在故障并采取相应措施,增强了设备的可靠性和安全性。然而,声学诊断技术也面临一些挑战。首先,声音信号在传播过程中受到多种因素的影响,如介质特性、噪声干扰等,这可能导致信号失真和误判。因此,需要采取有效的信号处理技术来增强诊断的准确性和可靠性。其次,不同设备和工作环境下的声音信号特征可能存在差异,需要针对具体情况进行定制化分析和诊断模型的构建。

(二)机械设备维修专用工具

1.轴承拆卸工具

(1)工作原理

轴承拆卸工具的工作原理主要是基于力学原理和精妙的机械结构设计。这款工具的核心由两大部件构成,确保了操作的高效与安全。首先是固定部分,它稳固地与轴承座或机壳相连接,为整个拆卸过程提供了坚实的基础。另一部分是拆卸部分,它巧妙地运用了力学原理,通过施加精确的力量,使轴承与轴之间的连接得以解除。通过细致地调整拆卸部分的位置和施加的力度,这款轴承拆卸工具能够准确无误地将轴承从轴上分离,避免了因操作不当导致的设备损坏或人员伤害。这种设计不仅提高了维修效率,还极大增强了工作场所的安全性。

(2)应用领域

轴承拆卸工具主要用于拆卸需要进行清洁、检查或更换的轴承,以确保设备正常运行。例如,在电动机维修过程中,轴承拆卸工具是不可或缺的一部分,它可以有效地帮助技术人员从电动机中取出轴承,从而进行下一步的维护工作。同样地,在泵和齿轮箱等其他机械设备的维修中,轴承拆卸工具也起着关键的作用。随着工业技术的不断进步和创新,轴承拆卸工具的应用领域也在持续扩大。不仅在传统的制造业中,轴承拆卸工具被广泛使用,而且在新兴的科技产业如新能源汽车、航空航天等领域,轴承拆卸工具的需求也在不断增加。

(3)技术挑战与发展趋势

尽管轴承拆卸工具在机械设备维修领域的应用已经取得了显著成效,但它仍然面临着一些技术挑战和未来的发展趋势。随着科技的不断进步和机械设备的更新换代,轴承的种类和规格也在不断增加,这对轴承拆卸工具提出了更高的要求。工具需要不断适应新的轴承类型和规格,以确保拆卸的高效和安全。同时,随着智能制造和自动化技术的快速发展,轴承拆卸工具的智能化和自动化水平也需要不断提高。未来,轴承拆卸工具将更加注重操作简便性、智能化和自动化,以提高维修效率和质量,满足不断变化的市场需求。

2. 轴类维修工具

（1）工作原理

轴类维修工具是机械设备维修中的重要组成部分,其工作原理深深根植于机械力学、材料力学和工艺学原理之中。在拆卸和安装轴的过程中,这些工具通过其独特的结构设计,结合力学原理,施加恰到好处的力矩和力量,确保轴能够迅速且安全地完成装卸工作。而在校直轴的过程中,轴类维修工具则利用材料力学的原理,配合专门的校直工具和设备,对轴进行精确的校正,使其弯曲部分得以恢复,重新达到原有的直线状态。这种综合应用多种学科原理的轴类维修工具,不仅提高了维修效率,也确保了维修质量,为机械设备的正常运行提供了有力保障。

（2）应用领域

轴类维修工具是一种广泛应用在各种机械设备维修中的重要工具。无论是机床、减速器,还是发电机、电动机、泵、风机等设备,在运行过程中都可能出现轴的磨损、弯曲或断裂等问题,需要进行及时的维修和更换。而轴类维修工具正是解决这些问题的关键。轴类维修工具的应用能够极大提高维修效率和维修质量,使得设备能够在短时间内恢复正常运行,从而保证了生产效率和产品质量。随着工业技术的不断发展和进步,轴类维修工具也在不断创新和改进,以满足不同行业和领域的需求。因此,对于任何一家企业来说,选择合适的轴类维修工具都是非常重要的,这不仅可以确保设备的正常运行,还可以提升企业的竞争力和市场地位。

3. 齿轮维修工具

（1）工作原理

齿轮维修工具的设计和工作原理,深深植根于齿轮传动的原理、材料力学及精密加工技术之中。这些工具通过精心设计的机械结构和高效的工作方式,能够实现对齿轮的全方位维护,包括拆卸、安装、调整、检测及修复等操作。例如，当需要拆卸齿轮时，齿轮拆卸工具会运用力学原理，通过施加合适的力矩和力量，确保齿轮能够安全、快速地从轴上脱离。而在齿轮检测环节，高精度的测量技术则能够精确测量齿轮的齿形、齿距和齿向等关键参数，为后续的维修和调整工作提供坚实的数据支持。这些工具的运用，不仅提高了齿轮维修的效率和精度，也极大延长了齿轮的使用寿命，为机械设备的稳定运行提供了有力保障。

（2）应用领域

齿轮维修工具是一种广泛应用在各种机械设备维修和保养中的重要工具。无论是机床、减速器，还是风力发电机、船舶、汽车等设备，在运行过程中都可能出现齿轮的磨损、断裂或变形等问题，需要进行及时的维修和更换。而齿轮维修工具正是解决这些问题的关键。通过使用专业的齿轮维修工具，还可以减少维修过程中的错误和损失，提高设备的使用寿命，降低企业的运营成本。

三、机械维修工具与设备的应用

（一）机械维修工具与设备的选择与使用技巧

1. 机械维修工具与设备的选择

（1）针对性选择

在进行机械设备维修时，针对性选择维修工具和设备至关重要。不同的维修任务和机械设备类型对工具和设备的需求各不相同。例如，面对精密的机械部件，我们需要选择那些具备高精度测量和修复功能的工具，以确保维修的准确性和质量。这种针对性的选择不仅有助于提高维修效率，更能确保机械设备在维修后的正常运行和使用寿命。因此，维修人员在选择工具和设备时，必须充分考虑维修任务的具体需求和机械设备的类型，以确保选择到最适合的工具和设备。

（2）兼容性考虑

在选择维修工具和设备时，兼容性是一个不可忽视的因素。维修工具和设备必须与待维修的机械设备相匹配，否则可能导致设备损坏或维修效果不佳。例如，某些特定的机械设备可能需要特定型号的螺丝刀或扳手，使用不匹配的工具可能会损坏设备的螺丝或接口。因此，在选择维修工具和设备时，务必仔细查看其兼容性信息，确保所选工具与设备完全匹配。这样不仅可以提高维修效率，还能保障机械设备的安全和稳定运行。

（3）安全性评估

在挑选维修工具和设备时，安全性应始终放在首位。工具的结构稳定性、操作安全性等因素，直接关系着维修过程的安全与否。例如，一个结构不稳定的工具可能在操作中突然损坏，造成飞溅的碎片伤害操作人员；而操作不安全的设备则可能引发电击、火灾等风险。因此，在选择维修工具和设备时，我们必须进行全面的安全性评估，确保所选工具和设备在结构稳定、操作简便、安全防护等方面均达到标准，从而保障维修过程的安全顺利进行。

2. 机械维修工具与设备的使用技巧

（1）熟悉操作手册

操作手册是维修工具和设备的重要指南，它详细记录了工具和设备的工作原理、操作步骤以及安全注意事项。在使用新的维修工具和设备之前，务必花时间仔细阅读操作手册。通过了解工具和设备的工作原理，我们可以更好地掌握其功能和用途；通过熟悉操作步骤，我们可以确保正确、高效地完成维修任务；而了解安全注意事项则能帮助我们避免潜在的安全风险，确保维修过程的安全顺利进行。

（2）规范操作

规范操作是确保机械设备维修工作顺利进行和人员安全的关键。遵循标准的操作流程，意味着每一步操作都经过精心设计和验证，能最大限度地减少错误和避免潜在风险。违规操作可能导致设备损坏、人员伤害，甚至可能引发更严重的安全事故。因此，维修人员在执行维修任务时，必须严格遵守操作流程，不可轻忽每一个细节。只有这样，才能确保维修工作的质量，同时保障人员和设备的安全。

（3）安全意识

安全意识是机械设备维修工作中不可或缺的一部分。维修人员在操作工具和设备时，必须始终保持高度的警觉和谨慎。佩戴防护眼镜、手套等个人防护措施，是为了防止飞溅的碎片、油污或其他有害物质对眼睛和手部造成伤害。此外，维修人员还应熟悉紧急停机按钮的位置，以便在发生意外时迅速切断电源，避免事故扩大。通过持续强化安全意识，我们可以为自己和他人创造一个更加安全的工作环境。

（二）机械维修工具与设备的维护与保养

1. 维护与保养的重要性

（1）保持性能稳定

性能稳定对于机械维修工具与设备而言至关重要。只有保持工具与设备的性能稳定，才能确保维修工作的准确性和效率。而实现这一目标的关键在于定期的维护与保养。通过定期对工具和设备进行清洁、润滑、紧固和校准，可以及时发现并解决潜在问题，防止故障的发生。这样不仅能确保工具与设备始终处于最佳工作状态，还能延长其使用寿命，为维修工作的顺利进行提供有力保障。

（2）预防故障

及时的维护与保养对于预防机械维修工具与设备出现故障至关重要。通过定期的检查和保养，我们可以及时发现并解决潜在的故障和问题，避免它们在维修过程中突然爆发，影响维修进度和质量。预防故障不仅可以减少紧急维修的需求，降低维修成本，还能确保机械设备能够持续、稳定地运行，为企业的生产和发展提供有力支持。

（3）延长使用寿命

正确的维护和保养对于延长机械维修工具与设备的使用寿命具有显著影响。通过定期清洁、润滑、紧固和校准，我们可以确保这些工具和设备始终保持在最佳工作状态，减少因磨损和故障而导致的过早报废。这不仅能延长设备的使用寿命，还能为企业节省频繁更换和购买新设备的成本。长远来看，维护和保养是一种投资，它为企业带来了更稳定、更经济的设备使用体验，为企业的可持续发展注入了动力。

2. 维护与保养的具体措施

（1）定期清洁

定期清洁是确保机械维修工具与设备性能稳定和延长使用寿命的基础步骤。灰尘、油污等杂物不仅影响设备的外观，还可能侵入机械内部，导致故障或性能下降。通过定期清洁，我们可以及时去除这些杂物，保持设备表面的干净整洁，确保设备的正常运作。此外，定期清洁还有助于发现设备的潜在问题，如磨损、松动等，从而及时进行维修和保养。因此，定期清洁是机械维修工作中不可忽视的一环。

（2）润滑保养

润滑保养是确保机械维修工具与设备顺畅运行和减少磨损的重要环节。通过定期为设备的运动部件涂抹合适的润滑剂，可以降低部件之间的摩擦,减少磨损,从而保持设备的性能和精度。同时,润滑保养还有助于防止设备因摩擦而产生的过热,延长设备的使用寿命。因此,维修人员应根据设备的使用情况和要求,制订合理的润滑保养计划,并严格按照计划执行,确保设备的运动部件始终保持在最佳状态。

(3)紧固松动部件

在机械设备维修工作中,紧固松动部件是确保设备稳定运行的关键步骤。设备在运行过程中,由于振动、温度变化等因素,紧固件可能会出现松动现象。如果不及时发现并紧固,这些松动的部件可能会导致设备出现故障,甚至引发安全事故。因此,维修人员应定期检查设备的紧固件,如螺栓、螺母等,确保其处于紧固状态。一旦发现松动,应立即进行紧固,确保设备在运行过程中的稳定性和安全性。

(4)检查电气系统

对于电气控制类的机械维修工具与设备,电气系统的正常运行至关重要。电气系统的故障可能导致设备失控、误操作或停机,严重影响维修工作的效率和安全性。因此,维修人员应定期对电气系统进行详细检查,包括电源、控制线路、传感器等关键部件。一旦发现问题,应立即进行修复或更换,确保电气系统的稳定性和可靠性。通过及时的电气系统检查和维护,可以有效预防电气故障,保障机械维修工具与设备的正常运行。

第三章　现代维修技术的应用

第一节　状态监测与故障诊断技术

一、状态监测与故障诊断技术概述

（一）状态监测与故障诊断技术的概念

1. 状态监测技术

状态监测技术是机械设备维护中的核心环节,它紧密关注设备在持续运行中的各种关键参数。这些参数不仅仅是物理量,如振动频率、温度高低,还包括化学性质,如油液中的成分变化。为了精准捕捉这些细微的变化,现代技术中广泛运用了高精度的传感器。这些传感器就像设备的"耳目",时刻捕捉着设备的"声音"和"温度"。随后,通过先进的信号处理技术,将这些原始数据转化为有价值的信息。而数据分析方法则进一步挖掘这些信息背后的深层含义,评估设备的健康状态。状态监测的最终目的是在设备出现异常时,能够迅速捕捉并报警,为后续的故障诊断提供有力的数据支撑。

2. 故障诊断技术

故障诊断技术是机械设备维护中不可或缺的一环。它建立在状态监测的基础上,通过深入分析设备的数据,来准确识别设备可能存在的故障。这一过程涉及了多种先进技术的运用,如模式识别、信号处理和人工智能等。这些技术帮助我们从海量的数据中提取出有价值的信息,进而准确判断设备的故障类型、原因和程度。故障诊断的目的在于为设备的维修和维护提供决策依据,确保我们能够快速、准确地解决设备故障,减少其对生产的影响。通过故障诊断技术的应用,我们可以更好地保障设备的稳定运行,提高生产效率,降低维护成本。

3. 状态监测与故障诊断技术的结合

状态监测与故障诊断技术的结合,为机械设备的维护提供了强大的支持。这两者相辅相成,共同构成了现代设备维护体系的核心。状态监测技术持续不断地收集设备运行过程中的各种数据,实时反映设备的运行状态。这些数据为故障诊断提供了丰富的信息源,使得故障诊断能够更加准确、快速地识别出设备的故障类型和原因。同时,故障诊断技术又依赖于状态监测的结果进行更深入的分析。通过对状态监测数据的挖掘和处理,故障诊断技术能够发现潜在的问题,预测设备的故障趋势,为设备的维护和管理提供决策依据。这种结合不仅提高了设备维护的准确性和效率,还使得设备维护工作更加科学、高效和精准。在实际应用中,状态监测与故障诊断技术的结合为企业带来了显著的效益。它不仅能够及时发现和解决设备故障,减少生产中断和损失,还能够优化设备的维护计划,降低维护成本。

(二)状态监测与故障诊断技术在机械设备维修中的应用价值

1. 增强设备运行的可靠性

通过实施状态监测与故障诊断技术,我们能够实现对设备状态的实时、精准掌握。这种监测技术能够及时发现设备在运行过程中出现的异常情况,如振动异常、温度异常等,为维修人员提供及时、准确的故障信息。基于这些信息,维修人员可以迅速采取针对性的维护措施,避免设备故障的发生。这种前瞻性的维护方式,不仅显著减少了设备的停机时间,保障了生产线的持续稳定运行,而且有效提高了生产效率。更重要的是,通过及时发现并处理潜在的安全隐患,我们还能有效避免因设备故障而可能引发的安全事故,确保了员工的人身安全和企业的生产安全。

2. 降低设备的维护成本

传统的定期更换零部件或大修的维护方式,往往伴随着高昂的成本和资源的浪费。然而,随着状态监测与故障诊断技术的引入,这一局面得到了根本性的改变。通过实时监测设备的运行状态,这些技术能够精准地识别出设备何时需要维护,以及维护的具体内容。这种精准维护的方式,避免了不必要的拆卸和更换,极大地降低了维护成本。同时,维护活动更加具有针对性,也减少了对生产的影响,进一步提高了企业的运营效率。因此,状态监测与故障诊断技术不仅增强了设备运行的可靠性,更为企业带来了实实在在的经济效益。

3. 提高企业的经济效益

通过运用状态监测与故障诊断技术,企业能够实现对设备运行状态的实时监测和数据分析,从而准确预测设备的故障趋势。这一预测为企业提供了宝贵的时间窗口,使其能够提前制订针对性的维护计划,确保生产线的连续稳定运行。这种前瞻性的维护策略不仅有效避免了生产中断和因设备故障带来的经济损失,而且通过优化生产流程和提高产品质量,显著提升了企业的生产效率和市场竞争力。最终,这些积极的变化将转化为企业经济效益的实质性增长,为企业的可持续发展奠定坚实基础。

二、状态监测技术

(一)常见的状态监测方法

1. 温度监测

温度监测是设备运行状态的关键指标之一。过高的温度可能意味着设备内部存在摩擦、过载或冷却系统失效等问题,这些问题都可能导致设备性能下降,甚至引发严重的故障。通过安装在关键部位的温度传感器,可以实时收集设备的温度数据,并与其他参数(如压力、振动等)进行关联分析,从而准确判断设备的健康状况和潜在风险。这种监测方式不仅可以及时发现并处理问题,还可以预测设备的维护需求,延长设备寿命,降低运营成本。此外,对于一些特殊行业,如化工、能源等,温度监测更是确保安全生产的重要手段。

2. 应力与应变监测

应力与应变监测是设备健康管理和安全评估的重要手段,特别是在那些承受高应力的设备中,如压力容器、管道等。通过安装在关键部位的应力与应变传感器,可以实时收集设备受力状态的数据,并进行深入分析。应力与应变监测可以帮助我们准确了解设备的实际工作状态,判断其是否处于设计允许的范围内,从而评估设备的安全性。其次,通过对长期监测数据的分析,我们可以了解到设备的应力分布和变化趋势,进而预测其剩余寿命,为设备的维修、更换等决策提供科学依据。此外,应力与应变监测还可以用于优化设备的设计和运行参数,提高设备的工作效率和使用寿命。例如,通过对设备在不同工况下的应力与应变数据进行比较,我们可以找出影响设备性能的关键因素,进而调整设备的设计或操作方式,以达到最佳的工作效果。

3. 机器视觉

机器视觉是一种利用图像处理和模式识别技术,使机器具有像人眼一样的视觉功能的技术。随着该技术的不断发展和完善,它在状态监测领域的应用也越来越广泛。通过高清摄像头等设备获取设备的实时影像,可以对设备的外观、位置和运行状态进行精确监控。例如,通过对设备表面的高清影像进行分析,可以发现微小的裂纹、变形等异常情况,从而及时采取措施防止事故的发生。机器视觉还可以用于监测设备的位置和运动状态。通过对设备的运动轨迹进行跟踪和分析,可以了解设备的运行状态,预测其可能的故障,并提前进行预防性维护。此外,机器视觉还能够实现对设备的远程监控。通过网络将摄像头采集到的影像传输到远程监控中心,可以实现对设备的实时监控,提高监控效率和效果。

(二)状态监测系统的组成与工作原理

1. 状态监测系统组成部分

(1)传感器网络

①传感器。传感器是状态监测和故障诊断系统中不可或缺的部分。它们被精心部署在设备的关键部位,如同设备的"耳目",时刻捕捉着设备的各种物理量变化。无论是微小的振动、温度波动,还是压力变化和应力分布,传感器都能够精准感知,并将这些变化转化为电信号,为后续的数据处理和分析提供原始素材。

②数据采集器。数据采集器在状态监测和故障诊断中扮演着至关重要的角色。它负责从传感器中收集模拟信号,这些信号可能涉及设备的振动、温度、压力等多种物理量的变化。数据采集器的核心任务是将这些模拟信号转换为数字信号,确保数据的准确性和可处理性。这一转换过程为后续的数据分析提供了坚实的基础,为设备的状态监测和故障诊断提供了有力支持。

（2）数据传输层

数据传输层在状态监测系统中扮演着"桥梁"的角色，它负责确保采集到的数据能够准确无误地传输到中央控制系统或服务器进行进一步的处理和分析。这个传输过程可能涉及多种有线或无线通信技术，如以太网、Wi-Fi、ZigBee 等，具体选择哪种技术取决于设备布局、通信距离、数据传输速率和成本等因素的综合考虑。为了确保数据的实时性和可靠性，数据传输层可能还需要进行数据的加密、压缩和错误校验等处理。通过这些技术手段，数据传输层为状态监测系统的稳定运行和高效决策提供了坚实的通信保障。

（3）数据处理与分析层

①中央控制系统或服务器。中央控制系统或服务器在状态监测系统中起着核心作用。它负责接收来自传感器的数据，这些数据包含了设备运行的实时信息和关键参数。中央控制系统或服务器不仅要接收这些数据，还要进行安全存储，确保数据的完整性和可回溯性。通过这样的机制，系统可以实时了解设备的运行状态，为后续的故障诊断、预测性维护等提供数据支持。

②数据分析软件。数据分析软件在状态监测系统中扮演着"大脑"的角色。它接收来自中央控制系统或服务器的数据，并通过一系列算法和技术对数据进行深度分析。预处理阶段，软件会清洗和整理数据，去除噪声和干扰。接着，通过特征提取，软件能够识别出反映设备状态的关键信息。最后，利用模式识别技术，软件能够准确评估设备的运行状态，为故障预警和预测性维护提供有力支持。

（4）决策支持系统

决策支持系统是状态监测技术的核心组成部分，它基于数据分析的结果，为设备的维护和管理提供决策支持。这个系统通过用户友好的界面,将复杂的数据分析结果以直观、易懂的方式展示给操作人员和管理者。此外,决策支持系统还配备了报告生成工具,可以根据需要生成各种形式的报告,如实时监测报告、故障诊断报告和预测性维护建议等。通过这些工具,操作人员和管理者可以更加便捷地获取设备状态信息,并做出相应的决策和措施,确保设备的稳定、高效运行。

2. 状态监测系统工作原理

（1）数据采集

数据采集是状态监测和故障诊断的关键环节,它确保了我们能够实时、准确地获取设备的工作状态信息。在这个过程中,传感器发挥着至关重要的作用。它们被精心部署在设备的各个关键部位,像"哨兵"一样,24小时不间断地监测着设备的振动、温度、压力等物理量的变化。一旦捕捉到这些变化,传感器就会将模拟信号发送给数据采集器,后者则负责将这些信号转换为计算机可读的数字信号,为后续的数据处理和分析提供原始数据。

（2）数据传输

数据传输是状态监测系统中不可或缺的一环,它负责将采集到的数字信号安全、可靠地传输到中央控制系统或服务器。为确保数据传输的高效与稳定,需要根据设备的分布情况和通信条件选择合适的通信技术。在设备分布密集、通信距离较近时,可采用高速稳定的有线通信技术,如以太网;而在设备分布广泛、通信距离较远时,则可选用无线通信技术,如 Wi-Fi 或 ZigBee。通过灵活选择通信技术,数据传输层能够确保数据的实时性和准确性,为后续的故障诊断和预测性维护提供有力支持。

（3）数据处理与分析

数据处理与分析是状态监测系统的核心环节,它直接关系着设备状态评估的准确性和可靠性。在这一阶段,中央控制系统或服务器负责接收来自各个传感器的数据,并对其进行预处理,如滤波、去噪等,以消除数据中的干扰和噪声。接下来,数据分析软件会运用先进的算法和技术,对处理后的数据进行特征提取和模式识别,从而准确评估设备的运行状态。为了提高故障诊断和预测的准确性,还可能使用机器学习算法对历史数据进行训练和优化。通过这些步骤,我们能够及时发现设备的潜在问题,为设备的维护和管理提供有力支持。

(4)决策支持

在这一阶段,决策支持系统会根据数据的分析结果,生成设备状态的实时监测报告、故障诊断结果和预测性维护建议。这些报告和建议通过用户友好的界面呈现给操作人员和管理者,使他们能够直观地了解设备的运行状态和维护需求。此外,系统还会及时发出警报,提醒操作人员和管理者采取必要的维护措施,确保设备的稳定运行和生产安全。

三、故障诊断的方法与流程

(一)基于模型的故障诊断

1.建模

建模是故障诊断过程中不可或缺的一步,其重要性体现在为设备或系统提供一个精确的"镜像"。这个"镜像"不仅能够反映出设备在正常工作状态下的行为特性,还能够模拟出设备出现故障时的各种可能表现。通过建模,我们可以对设备或系统的内在逻辑和工作原理有一个深入的理解,从而为后续的故障诊断提供坚实的理论基础。精确的数学模型能够指导我们更有效地收集和分析数据,提高故障诊断的准确性和效率。

2.状态估计

状态估计是故障诊断过程中的重要环节,它涉及利用传感器收集的实际运行数据,通过已建立的数学模型来预测和评估设备的当前状态。在这个过程中,滤波技术如卡尔曼滤波被广泛应用,以处理数据中的噪声和不确定性。卡尔曼滤波通过结合前一时刻的估计值和当前时刻的观测值,以及模型的预测,来优化状态估计。这种方法能够减少噪声和误差对状态估计的影响,提高估计的准确性,为后续的故障诊断提供更为可靠的数据基础。

3. 残差生成

残差生成是故障诊断流程中的一个核心步骤,它直接关联着实际运行数据与模型预测数据之间的差异。在理想情况下,当设备处于正常工作状态时,两者之间的差异(即残差)应该保持在一个较小的范围内。然而,一旦设备出现故障,这种平衡将被打破,残差会显著增大。这种变化为我们提供了一个重要的信号,表明系统可能出现了问题。通过持续监测残差的变化,我们可以及时发现设备的异常情况,并进一步分析故障的类型和位置。

4. 故障检测与隔离

故障检测与隔离是故障诊断流程中的关键环节,它依赖于对残差的深入分析。残差,作为实际运行数据与模型预测数据之间的差异,是判断设备是否出现故障的重要指标。通过对残差进行统计测试或应用机器学习算法,可以有效地检测故障的存在,并进一步确定故障的具体位置和类型。这些方法不仅增强了故障检测的准确性,还有助于实现故障的快速隔离,从而为设备的及时维修和恢复提供了重要依据。

(二)基于数据驱动的故障诊断

1. 数据收集与处理

在故障诊断的过程中,数据收集与处理是不可或缺的起点。这一阶段涉及从各种来源,如传感器、操作日志和维护记录中,全面收集设备运行过程中的数据。然而,原始数据往往混杂着噪声、异常值和格式不一致等问题,这会对后续的故障诊断造成干扰。因此,数据清洗、去噪和归一化等预处理步骤变得至关重要。通过这些操作,我们不仅可以提高数据的质量,还能减少噪声干扰,为后续的分析和诊断奠定坚实的基础。

2. 模型训练

模型训练是故障诊断流程中的核心环节,它决定了后续故障诊断的准确性和效率。在这一阶段,利用从数据中提取的关键特征,训练出能够识别、预测和诊断设备故障的模型。这些模型可以是传统的机器学习模型,如支持向量机或决策树,它们通过简洁的算法和明确的规则进行故障分类。同时,深度学习模型如卷积神经网络或循环神经网络也在故障诊断中发挥着越来越重要的作用,它们能够自动学习和提取复杂的特征表示,从而更准确地诊断设备故障。通过模型训练,我们能够构建一个强大而智能的故障诊断系统,为设备的稳定运行提供有力保障。

3. 故障检测与诊断

故障检测与诊断是故障诊断流程的最终目的和关键环节。在这一阶段,将先前训练好的模型应用于新收集的设备数据上,通过模型的输出进行故障的识别和诊断。这通常涉及分类、聚类或回归等机器学习任务。分类任务用于将设备状态划分为正常或故障类别,聚类任务可以发现数据中的潜在故障模式,而回归任务则可以预测故障发生的概率或严重程度。这些任务的执行依赖于训练好的模型的泛化能力和对新数据的适应能力,从而确保故障检测与诊断的准确性和可靠性。

（三）基于知识的故障诊断

1. 知识获取

在故障诊断中，知识获取是极其关键的一步，因为它涉及从领域专家那里汲取深厚的专业智慧。这些专家通常对设备、系统及其潜在的故障有着深入的了解和丰富的经验。他们所掌握的知识，如故障的起因、表现形式、解决方案等，是构建有效故障诊断系统的基石。这些知识通常以规则、框架或本体的形式进行系统化整理，确保它们能够被计算机所理解和应用。通过整合这些专家知识，我们能够构建一个更全面、更准确的故障诊断体系，为设备的稳定运行提供有力保障。

2. 知识表示

在故障诊断领域，知识表示是将从专家那里获取的知识转化为计算机能够理解和处理的形式的关键步骤。知识表示方法的选择直接影响后续推理和诊断的效率和准确性。常见的知识表示方法包括产生式规则、框架和语义网络等。产生式规则以"如果……则……"的形式描述条件和行动，简单直观；框架表示法通过定义对象的属性和关系来组织知识；语义网络则通过节点和链接来表示概念和它们之间的关系。选择合适的知识表示方法，能够将专家的智慧和经验有效地融入故障诊断系统，提高系统的智能化水平。

3. 推理机制

推理机制是故障诊断中的核心环节，它利用已经表示好的专家知识进行逻辑推导，从而确定设备的故障类型。这一过程通常包括正向推理、反向推理或混合推理等方法。正向推理从已知的事实出发，逐步推导出可能的结论；反向推理则从目标或假设出发，寻找支持该目标的证据；混合推理则结合了两者的优点，灵活应对不同的故障诊断场景。通过这些推理方法,我们能够有效地利用专家的知识和经验,实现设备故障的精准诊断。

4.故障诊断

故障诊断是整个过程的最终环节,也是最为关键的一步。在这一阶段,我们基于推理机制得出的结果,结合设备的实际运行情况和传感器收集的数据,进行综合分析。通过比对模型的预测值和实际观测值,我们可以确定故障的具体类型、发生的位置以及可能的原因。这样的诊断结果不仅准确度高,而且能够为我们提供有针对性的维修和改进建议,确保设备的稳定和安全运行。

第二节　远程维修与智能化维修系统

一、远程维修技术

(一)远程维修工具与设备

在远程维修技术中,工具与设备的应用是确保维修任务高效、精确执行的关键因素。这些远程维修工具与设备通过集成现代通信、传感和控制技术,使得维修人员能够远程操控现场设备,进行故障诊断、部件更换、参数调整等操作,从而实现对设备的远程维护和管理。

远程维修工具包括各种便携式诊断设备、传感器和测量仪器。这些工具能够实时采集设备的运行数据,如温度、压力、振动等,并通过无线通信技术将数据传输给维修人员。维修人员通过分析这些数据,可以迅速判断设备的运行状态,识别潜在故障,并制定相应的维修方案。远程维修设备则主要指的是能够远程操控的机器人、自动化设备和机械臂等。这些设备通过集成先进的控制算法和传感器技术,可以精确执行维修任务,如拆卸、装配、焊接、清洁等。维修人员可以通过远程操控界面,实时观察设备的运行状态和操作过程,并进行必要的调整和控制。此外,虚拟现实(VR)和增强现实(AR)技术也在远程维修工具与设备中发挥着重要作用。通过这些技术,维修人员可以在虚拟环境中模拟设备操作和维修过程,提高维修技能水平和安全意识。在远程维修工具与设备的设计和应用中,还需要考虑其便携性、可靠性、安全性等因素。这些工具和设备需要具备足够的鲁棒性,以适应各种复杂和恶劣的现场环境。同时,它们还需要具备高度的安全性和保密性,以确保数据传输和远程操控的安全性。

(二)远程维修流程与方法

1. 远程维修流程

(1)故障诊断与识别

故障诊断与识别是远程维修流程中的首要环节,对于确保设备稳定、高效运行至关重要。在这一阶段,远程监控系统发挥着核心作用,它像一双敏锐的"眼睛",实时捕捉设备运行中的各项关键数据。这些数据不仅包括设备的温度、压力、振动等基本信息,还涵盖了设备运行时的各种参数和状态。通过收集这些数据,远程维修人员可以全面了解设备的运行状态。接下来,利用先进的故障诊断算法对这些数据进行深入分析,就像一位经验丰富的医生,通过细致的检查和分析,识别出设备中潜在的故障或异常。这种算法能够精准地找出设备运行中的异常模式,为后续的维修工作提供有力的依据。

(2)故障诊断信息确认

当潜在故障或异常被识别时,故障诊断信息的确认成为确保维修指导准确无误的关键步骤。在这一环节,维修人员需要迅速与现场操作人员进行沟通,通过电话或视频通话等方式,详细了解现场情况,包括故障发生时的具体现象、设备运行环境以及任何可能的异常声音或气味等。这种沟通不仅有助于维修人员更全面地了解故障情况,还能确保后续维修指导的针对性和有效性。通过这一步骤,维修人员可以更加准确地判断故障原因,为后续的维修工作奠定坚实基础。

(3)远程维修指导与决策

在远程维修过程中,维修指导与决策的制定是至关重要的环节。基于故障诊断的精确结果,维修人员通过远程通信平台,如视频会议、即时通信工具等,为现场操作人员提供细致入微的维修指导和建议。他们不仅解释故障原因,还详细指导操作步骤,确保每一个细节都得到妥善处理。维修人员还会根据现场反馈,实时调整维修策略,确保维修过程既高效又安全。这种远程维修指导与决策的方式,极大提升了维修效率,减少了不必要的延误和风险。

(4)维修执行与监控

维修执行与监控是确保远程维修成功的关键环节。在这一阶段,维修人员不仅提供指导,更进行实时监控,确保每一步维修操作都严格按照既定方案进行。通过远程监控工具,维修人员能够实时观察设备的运行状态、维修进度以及操作效果。如果发现任何偏差或问题,他们会立即与现场操作人员沟通,进行调整或纠正。这种实时的反馈和干预,确保了维修过程的高效性和准确性,最大限度地减少了潜在的风险和延误。

(5)维修效果评估与反馈

维修完成后,对维修效果的评估是至关重要的。维修人员会详细检查设备的运行状态,确保其已恢复正常。此外,他们还会与现场操作人员沟通,收集他们的反馈意见。这些反馈不仅包括设备运行的实际情况,还可能涉及维修过程中的体验、沟通效率等方面。通过综合这些信息,维修人员可以对远程维修流程和方法进行针对性的改进,进一步提升维修效果和客户满意度。这种持续改进的态度和做法,是确保远程维修长期有效运行的关键。

2. 远程维修方法

（1）虚拟现实与增强现实技术

随着科技的进步,虚拟现实（VR）和增强现实（AR）技术已经逐渐融入远程维修领域中。这些前沿技术为维修人员带来了革命性的沉浸式体验。通过 VR 技术,维修人员仿佛置身于真实的设备环境中,进行模拟的维修操作。而 AR 技术则能够在现实世界中叠加虚拟信息,为维修人员提供实时的操作指导和故障信息。这种沉浸式的维修环境不仅提高了维修效率,而且极大地增强了维修的准确性,为维修人员带来了前所未有的便利。

（2）远程操控与自动化

在现代远程维修领域,远程操控与自动化技术已经成为不可或缺的利器。借助精密的远程操控系统,维修人员可以像操作自己的手臂一样,精确控制机器人或自动化设备执行维修任务。这些机器人和自动化设备不仅能够在恶劣或危险的环境中稳定工作,而且能够执行复杂而精细的操作,极大地提高了远程维修的效率和安全性。通过远程操控与自动化技术的结合,维修人员能够跨越地域限制,实现真正意义上的远程精确维修。

（3）知识库与专家系统

在远程维修中,知识库与专家系统的建立是提升维修效率和质量的关键。一个完善的远程维修知识库,集成了设备的工作原理、常见故障及其解决方案、维修操作指南等宝贵信息。维修人员可以随时查阅,快速定位问题并找到相应的解决方案。而专家系统则通过模拟专家的决策过程,为维修人员提供智能的故障诊断和维修建议。这些系统共同构成了远程维修的坚实后盾,确保了维修工作的顺利进行。

(三)远程维修的挑战与解决方案

1. 通信延迟与数据安全问题

远程维修的核心在于稳定、高效的通信网络,它是连接维修人员与现场设备的桥梁。然而,在实际应用中,通信延迟和数据泄露等问题时常出现,这些不仅影响了维修的效率,还可能对设备安全构成威胁。为了解决这些问题,我们可以采用先进的通信协议和技术,如5G网络和物联网技术。5G以其超高速率和低延迟的特点,为远程维修提供了强有力的支持,确保数据的实时传输和操作的即时响应。而物联网技术则通过实现设备之间的互联互通,提高了远程维修的智能化和自动化水平。但仅仅依赖高速的网络还不够,数据传输的安全性同样重要。因此,我们必须加强数据加密和隐私保护技术,确保远程维修过程中的每一笔数据都能安全无虞地传输,从而保护用户的隐私和设备的安全。通过这些措施,我们可以为远程维修创造一个既快速又安全的通信环境,推动远程维修技术的进一步发展。

2. 维修人员技能培训

远程维修作为一种先进的维护方式,对维修人员的技能要求尤为严格。这不仅要求他们具备扎实的专业知识,还需要出色的远程沟通能力,以确保维修任务的顺利进行。然而,现实情况是,维修人员的技能水平往往参差不齐,而且缺乏针对远程维修的专业培训。为了应对这一挑战,开展定期的远程维修技能培训显得尤为重要。通过培训课程、模拟演练以及专家指导,维修人员可以不断提升自己的专业能力和操作经验,更好地应对各种复杂的维修任务。同时,建立远程维修知识库和专家系统也是关键举措。这些平台可以为维修人员提供实时的技术支持和知识共享,使他们在维修过程中能够及时获取所需信息,提高维修效率和质量。通过这些措施,我们可以逐步打造一支高素质、专业化的远程维修团队,为设备的稳定运行提供有力保障。

3. 现场与远程的协同配合

在远程维修的过程中,现场操作人员与远程维修人员之间的协同配合至关重要。但由于双方可能存在的沟通障碍和信息不一致,这种协同配合往往会面临挑战。为了确保维修任务的高效完成,建立一套明确的沟通机制和流程变得尤为关键。这些机制和流程应确保双方能够迅速、准确地传递关键信息,减少误解和延误。此外,随着科技的发展,虚拟现实(VR)和增强现实(AR)等先进技术为远程维修提供了新的解决方案。通过这些技术,维修人员可以获得沉浸式的维修环境体验,更直观地了解设备状况和操作要求。同时,现场操作人员也能从中受益,他们可以通过 AR 设备获得实时的维修指导和操作反馈,从而提高维修的准确性和效率。这些技术的应用不仅提升了双方的沟通和协作效率,也为远程维修领域带来了革命性的变革。

4. 设备多样性与兼容性

远程维修的一大挑战在于其涉及的设备种类繁多,不同设备之间的通信协议、控制接口等存在差异。这种多样性不仅增强了远程维修的复杂性,也对维修人员的技术能力提出了更高的要求。为了应对这一挑战,开发通用的远程维修平台和工具显得尤为重要。这些平台和工具应能够支持多种设备和通信协议,确保维修人员能够无缝切换,对不同设备进行远程维修操作。同时,与设备制造商建立紧密的合作关系也是推动远程维修技术发展的关键。通过与制造商合作,我们可以更深入地了解设备的内部结构和运行原理,从而开发出更加精准、高效的远程维修方案。这种合作模式不仅有助于提升远程维修的兼容性和适应性,还能促进双方的技术创新和市场拓展,共同推动远程维修技术的广泛应用和发展。

二、智能化维修系统

(一)智能化维修系统概述

随着工业4.0和物联网(IoT)的快速发展,智能化维修系统已成为现代制造业和服务业中不可或缺的一部分。智能化维修系统利用先进的传感器技术、数据分析、机器学习以及人工智能(AI)算法,实现了对设备健康状况的实时监控、预测性维护以及优化维修流程。

智能化维修系统的核心在于其数据收集与分析能力。通过部署在关键设备上的传感器,系统能够实时收集设备运行数据,如温度、振动、压力等,并通过云计算平台进行高效处理。这些数据不仅反映了设备的当前状态,还隐藏着设备性能退化的趋势和潜在故障。机器学习算法在智能化维修系统中扮演着关键角色。通过对历史数据的训练和学习,机器学习模型能够识别出故障模式,预测设备故障的发生时间,并提前生成维护计划。这种预测性维护显著减少了设备意外停机的时间,提高了生产效率。智能化维修系统还能对维修过程进行智能化管理和优化。利用AI算法,系统可以自动规划维修人员的路线,优化维修资源的配置,减少维修时间和成本。同时,通过大数据分析,系统能够识别出维修流程中的瓶颈和冗余环节,为企业提供针对性的改进建议。然而,智能化维修系统也面临着一些挑战。例如,数据的隐私保护、安全性和准确性问题,以及机器学习模型的泛化能力和可解释性问题等。为了克服这些挑战,研究人员正在不断探索新的技术和方法,如差分隐私保护、安全计算协议以及可解释的机器学习等。

（二）智能维修决策支持系统

1. 数据采集与处理

在智能维修决策支持系统中，数据的收集与处理是决策制定的基石。首先，系统通过部署在关键设备上的高精度传感器和其他数据采集设备，实时捕获设备的运行状态信息，如温度、振动频率、压力等。同时，系统还会收集设备的维修历史记录，包括过去的维修时间、更换的零部件、使用的维修方法等。此外，工作环境的数据，如温度、湿度、尘埃等，也被纳入收集范围，以全面反映设备运行的外部条件。在收集到原始数据后，系统随即进行数据清洗和预处理。这一步骤的目的是消除异常值、填补缺失数据、平滑噪声，并对不同来源和格式的数据进行标准化和统一化。之后，通过特征提取技术，系统从清洗后的数据中提炼出关键信息，形成用于后续分析和决策支持的规范化数据集。这一流程确保了数据的准确性、一致性和可用性，为智能维修决策支持系统提供了坚实的数据基础。

2. 故障诊断与预测

在现代工业环境中，故障诊断与预测对于确保设备连续、高效运行至关重要。在智能维修决策支持系统中，这一功能得到了充分体现。系统利用先进的机器学习和深度学习算法，对经过处理的设备数据进行深入分析。通过故障模式识别，系统能够准确判断设备的当前状态，及时发现异常情况。同时，故障预测功能使得系统能够预测设备未来可能出现的故障，为维修人员提供宝贵的时间窗口。此外，系统还能对设备的剩余使用寿命进行估计，为企业的设备维护和管理提供决策依据。这些功能的结合，使得智能维修决策支持系统成为工业领域不可或缺的重要工具。

3. 维修决策优化

维修决策优化是智能维修决策支持系统中至关重要的环节。当系统接收到来自各个传感器和数据采集设备的实时数据时,它开始综合考虑多方面的因素来制订维修计划。这些因素包括但不限于设备的故障历史、当前运行状态、可用的维修资源以及生产线的实际需求。为了制定出最佳的维修方案,系统运用了先进的优化算法,如遗传算法和粒子群优化。这些算法模拟了自然界的进化过程或群体行为,从而能够寻找到全局最优解。同时,结合多目标决策和风险决策等理论,系统能够平衡维修成本、效率以及生产线的连续性和安全性等多个目标。最终,系统生成了一份科学、合理的维修计划和调度方案。这不仅有助于降低维修成本和提高效率,更重要的是,它确保了生产线的持续稳定运行,从而为企业带来了更大的经济效益和市场竞争力。

4. 知识管理与学习

在智能维修决策支持系统中,知识管理与学习机制是系统持续进化与提升的关键。系统不仅具备强大的数据采集、处理和分析能力,还注重设备维修领域的知识积累和传承。通过构建专门的知识库,系统能够存储大量的维修经验、专家建议和最佳实践案例。这些知识不仅来源于系统自身的运行数据和维修实践,还来自外部的专业文献、专家建议和用户反馈。通过整合这些多样化的信息,系统能够形成全面、深入的维修知识体系。更为重要的是,系统具备持续学习的能力。随着新数据的不断涌入和维修实践的积累,系统能够自动更新和优化其内部的知识模型,从而不断提升自身的诊断、预测和决策能力。这种自适应的学习机制使得系统能够紧跟设备维修领域的最新发展,为用户提供更加准确、高效的维修决策支持。

（三）自动化维修设备与机器人技术

随着第四次工业革命的推进，自动化技术在维修领域的应用日益广泛。自动化维修设备与机器人技术通过集成先进的机械、电子、控制、传感器和人工智能等技术，实现了维修过程的自动化、智能化和高效化。这不仅提高了维修质量和效率，还降低了人工成本和操作风险，对于提升整个工业制造领域的竞争力具有重要意义。

1. 自动化维修设备

自动化维修设备是现代工业维修领域的革命性创新。这些设备通过集成先进的自动化控制系统和精密的机械设备，实现了对设备故障从检测到维修的全流程自动化。在作业过程中，它们可以自主或半自主地完成故障检测、精确定位、拆卸旧部件、更换新部件以及重新装配等复杂任务。自动化维修设备中，自动化检测装置可以快速识别设备的异常情况，拆卸与装配机器人则能够精准地执行拆卸和装配操作，而智能物流系统则确保维修所需的零部件能够及时送达。这一系列技术组合使得设备的维修过程更加高效、精准，极大提高了维修效率和质量。更重要的是，自动化维修设备的广泛应用降低了对熟练工人的依赖，减少了人为错误，也提高了工作安全性。这些设备成为了现代工业维修领域的重要支柱，为企业带来了更高的生产效率和经济效益。

2. 机器人技术

随着科技的飞速发展，机器人技术在维修领域的应用越来越广泛，其重要性也日益凸显。维修机器人以其高度的灵活性和精确性，在复杂的维修作业中发挥着关键作用。这些机器人不仅具备强大的机械操作能力，还集成了机器视觉、力觉、触觉等多种传感器，使它们能够精确感知和判断设备的状态，从而进行针对性的维修操作。值得一提的是,维修机器人还融合了深度学习等人工智能技术。这使得它们能够根据历史数据和经验进行自我学习和优化,不断提高维修效率和准确性。随着经验的积累,维修机器人变得越来越"聪明",能够更快速地识别问题并给出解决方案。

第四章　绿色制造与可持续发展

第一节　绿色制造概念及其意义

一、绿色制造的定义

绿色制造,亦被称为环境意识制造或面向环境的制造,是一种综合考虑环境影响和资源效率的现代制造模式。其核心宗旨在于,在保证产品功能、质量、成本的前提下,综合考虑环境影响和资源利用率,使产品在全生命周期中对环境的负面影响最小化,资源利用率最大化。

(一)全生命周期视角

全生命周期视角下的绿色制造是一种全面、系统的制造模式,它突破了传统制造仅关注生产阶段的局限。从产品设计之初,绿色制造就强调选择环保、可再生的原材料,以及避免使用有毒有害物质。在生产环节,通过优化工艺、更新节能设备,减少能源消耗和污染物排放。产品进入市场后,绿色制造还关注其使用过程中的环境影响,鼓励用户合理使用、维护产品,以延长其使用寿命。当产品最终报废时,绿色制造倡导回收和再利用,将废弃物转化为资源,实现闭环循环。这种全生命周期的考虑,使绿色制造在保护环境、促进可持续发展方面发挥了重要作用。

（二）环境影响最小化

环境影响最小化是绿色制造的核心目标之一。为实现这一目标，绿色制造倡导在生产过程中采用环保材料，这些材料往往具有低毒性、可降解或可回收等特性，从源头上减少了对环境的污染。同时，优化生产工艺也是关键，通过改进生产流程、更新节能设备，绿色制造能够显著降低能源消耗和减少废弃物的产生。此外，绿色制造还强调减少污染物的排放，包括废水、废气、固废等，确保排放符合环保标准。通过使用可再生资源和循环利用废弃物，绿色制造不仅减少了资源消耗，还促进了生态系统的平衡。这些措施共同构成了绿色制造在环境影响最小化方面的实践路径。

（三）资源利用率最大化

资源利用率最大化是绿色制造追求的另一个核心目标。在绿色制造的理念下，企业不仅仅满足于传统的资源利用方式，而是力求通过创新和技术进步，将资源利用效率提升至新的高度。原材料的选择是第一步，倾向于使用可再生、低消耗和长寿命的材料，从源头上减少资源消耗。接着，通过优化产品设计，确保产品在满足性能需求的同时，实现轻量化、小型化，从而减少材料的使用。此外，先进的生产工艺和管理方法的应用也至关重要，它们能够显著降低生产过程中的能耗和物料损失，确保每一份资源都能得到最充分的利用。这种对资源的高效利用不仅有助于企业的成本控制，更是对环境的负责和贡献。

（四）综合经济效益

绿色制造在追求环境效益的同时，也强调综合经济效益。它注重通过提高资源利用率、减少废弃物产生和降低环境治理成本等措施,来降低企业的生产成本。这样不仅能有效减轻企业对环境的负担,更能显著提升企业的综合竞争力。具体来说,高效利用资源可以减少原材料和能源的消耗,降低采购成本;减少废弃物产生则能减少处理费用,同时避免潜在的环境罚款;降低环境治理成本则意味着企业可以在保证合规的前提下,节约运营成本。综上所述,绿色制造通过多方面的措施,实现了环境与经济的双赢。

(五)社会责任的体现

绿色制造不仅仅是一种生产方式,更是企业积极履行社会责任的具体体现。当企业选择采用绿色制造模式时,它们实际上是在为环境保护和资源的可持续利用贡献力量。这意味着通过减少废弃物的产生、使用环保材料和提高生产效率,企业正努力减少对环境的负面影响。这样的做法不仅有利于企业的可持续发展,更是对整个社会乃至未来世代的负责。因此,采用绿色制造模式的企业,实际上是在用实际行动表明它们对社会、对环境的承诺和担当。这种承诺和担当,无疑将为社会的可持续发展注入更多的正能量和动力。

二、绿色制造的意义

(一)环境影响的减少

1.维护生态系统的平衡

从生态系统的角度来看,绿色制造扮演着至关重要的角色。它通过使用环保材料、优化生产工艺和减少能源消耗等措施,有效地降低了对自然环境的破坏。这种对环境友好的制造方式,不仅有助于保护生态系统平衡,防止过度开发带来的资源枯竭与环境污染问题,也有利于生物多样性的保护。在绿色制造的过程中,我们更加注重生态环境的和谐共生,使得人类的生产活动与自然界的生态循环更好地协调统一。因此,绿色制造对于维护全球生态安全,促进可持续发展具有深远的影响和意义。

2. 减轻环境污染

从环境污染的角度考虑,绿色制造是解决环境问题的有效途径。它致力于减少废气、废水和固体废弃物的排放,以降低对环境的负面影响。通过实施清洁生产和循环经济的策略,绿色制造有效地降低了生产过程中有害物质的释放,从而减轻了环境压力。这种制造方式不仅关注产品本身的环保性能,更注重整个生命周期中对环境的影响,包括原材料获取、生产过程、使用阶段以及废弃后的处理。在绿色制造的推动下,企业开始采用更加环保的原料替代传统的有害物质,优化生产工艺以减少废弃物的产生,并积极推广产品的回收再利用,形成一个闭合的循环系统。这一系列措施有助于改善空气质量,保护水资源,减少土地污染,为人类创造一个更加健康的生活环境。

3. 应对全球气候变化

从全球气候变化的角度分析,绿色制造是应对全球变暖的重要手段。它通过减少温室气体排放,为遏制全球气候变暖做出了积极贡献。这种制造方式不仅注重产品本身的环保性能,更关注生产过程中的能源效率和碳排放问题。绿色制造提倡使用清洁能源,改进生产工艺,提高能效,以降低生产活动中的碳排放。同时,通过推动循环经济,促进废弃物的回收再利用,减少了新资源的开采和废弃物的处理,从而间接减少了温室气体的排放。这些措施有助于减缓全球气候变暖的速度,减轻极端天气事件的影响,保护生物多样性,维护地球生态系统的平衡。

4. 促进资源可持续利用和经济绿色转型

从资源利用的角度探讨,绿色制造是实现可持续发展的重要途径。它通过提高资源利用率,减少了资源的消耗和浪费,有助于实现资源的可持续利用。在生产过程中,绿色制造注重改进生产工艺和技术,提升原材料和能源的使用效率,减少废料和废弃物的产生。同时,通过推动循环经济,将废弃物转化为新的资源,实现了资源的再生利用,降低了对新资源的需求。这些措施不仅节约了宝贵的自然资源,也降低了生产成本,提高了企业的经济效益。此外,绿色制造还促进了经济的绿色转型。企业和消费者都开始关注产品的环保性能和全生命周期的环境影响,这促使企业加大研发投入力度,创新绿色产品和服务,引导市场向绿色消费转变。这不仅有利于环境保护,也有助于培育新的经济增长点,促进产业结构优化升级,实现经济、社会和环境的协调发展。

(二)资源的高效利用

1. 提高资源的经济价值和环境价值

从资源经济学的视角深入剖析,资源的高效利用实际上是在资源供给有限性的约束条件下,通过科学、合理的配置与利用,追求经济效益和环境效益的最大化。这一过程中,绿色制造发挥了至关重要的作用。它不仅仅是一种生产方式,更是一种全新的经济发展理念。绿色制造强调在产品设计阶段就充分考虑到资源的节约和环境的保护,通过优化产品设计,减少不必要的材料使用,选择可再生、可回收的材料,从源头上减少资源的消耗。同时,在生产过程中,绿色制造注重采用先进的生产工艺和管理方法,确保每一份资源都能得到最充分的利用,减少浪费。这种高效的资源利用方式不仅提高了资源的经济价值,还显著提升了其环境价值,为实现经济、社会和环境的协调发展提供了有力支撑。

2. 促进经济、社会和环境的协调发展

从可持续发展的角度来看,资源的高效利用是实现经济、社会

和环境三者协调发展的关键。绿色制造通过减少资源的浪费和消耗,延长了资源的使用寿命,为未来的可持续发展保留了更多的资源基础。在实践中,绿色制造提倡采用清洁生产技术,降低能源消耗和污染物排放,同时提高产品质量和生产效率。这种模式不仅有助于减轻对环境的压力,也有助于提高企业的竞争力和经济效益。另外,绿色制造还强调产品的全生命周期管理,包括设计、生产、使用和废弃等阶段,以确保产品在整个生命周期中尽可能地减少对环境的影响。例如,通过改进设计,使产品易于拆解和回收,可以有效地减少废弃物的数量,实现资源的最大化利用。此外,绿色制造还推动了循环经济的发展。通过建立和完善废弃物回收利用体系,将废弃物转化为新的资源,进一步提高了资源利用率,降低了对新资源的需求。

3. 尊重关爱自然环境

从环境伦理学的视角来看,资源的高效利用不仅仅是一种经济行为,更是一种对自然环境的尊重和关爱。在环境伦理学中,人类与自然的关系被视为一种共生共存的关系,人类应当尊重自然、保护自然,与自然和谐共生。绿色制造正是基于这样的理念,强调在制造过程中减少对自然资源的破坏和浪费。它不仅仅关注经济效益,更将环境效益置于重要位置。通过优化产品设计、采用先进的生产工艺和管理方法,绿色制造力求减少资源消耗、降低环境污染,实现经济效益和环境效益的双赢。这种尊重自然、关爱自然的态度,正是环境伦理学所倡导的。绿色制造不仅符合环境伦理学中关于人与自然和谐共生的理念,更是对这一理念的生动实践。它提醒我们,在追求经济发展的同时,必须时刻关注自然环境的承受能力,实现人与自然的和谐共生。

4. 推动资源利用技术的不断创新和进步

从技术创新的角度分析,资源的高效利用离不开先进技术和创新方法的支持。绿色制造通过不断研发新的环保材料、优化生产工艺、开发高效节能技术等手段,推动了资源利用技术的不断创新和进步。新型环保材料的研发为资源的高效利用提供了基础。这些材料具有低能耗、低排放、易回收等特点,可以极大降低生产过程中的环境影响,提高资源利用效率。生产工艺的优化也是实现资源高效利用的重要途径。通过改进工艺流程,减少废料和能源消耗,提高生产效率,企业可以在满足市场需求的同时,减轻对环境的压力。此外,高效节能技术的发展也为资源的高效利用提供了技术支持。例如,通过采用先进的节能设备和技术,企业可以显著降低能源消耗,提高能源利用效率,从而实现资源的可持续利用。

(三)经济的可持续发展

1. 降低成本

从成本效益的角度深入剖析,绿色制造不仅是环保的必然选择,更是企业经济效益提升的关键路径。通过提高资源利用率,企业能够在原材料采购、生产流程以及废弃物处理等多个环节实现成本优化。减少废弃物的产生意味着企业可以降低环境治理成本,避免不必要的罚款和赔偿。同时,这些措施也为企业带来了实质性的经济效益,如提高产品质量、增强品牌形象等,从而增强了企业的市场竞争力。这种成本节约和效益提升的双重效应,不仅为企业的长期发展注入了活力,也为整个经济的可持续发展提供了源源不断的动力。

2. 优化产业结构

从产业结构优化的角度来看,绿色制造促进了传统制造业向绿色、低碳、循环的方向转型。这种转型不仅有利于减少环境污染,还推动了新兴绿色产业的发展,从而优化了产业结构,为经济的可持续发展奠定了基础。绿色制造要求企业在生产过程中采用环保材料和节能技术,降低能源消耗和废弃物排放,这有助于改善环境质量,减轻对自然资源的压力。同时,通过提高资源利用效率,企业可以降低成本,提高竞争力,促进经济效益和环境效益的双重提升。绿色制造推动了新兴绿色产业的发展。随着人们对环境保护意识的提高,绿色产品和服务的需求日益增长,为新兴绿色产业提供了广阔的发展空间。这些新兴产业包括新能源、节能环保设备、循环经济等领域,它们的发展不仅可以创造新的就业机会,还能带动相关产业链的升级,进一步优化产业结构。绿色制造有助于实现经济的可持续发展。通过推动传统产业向绿色、低碳、循环方向转型,我们可以构建一个更加环保、高效、可持续的经济发展模式,实现经济社会与环境的和谐共生。

3. 提升国际竞争力

从国际竞争力的视角来看,绿色制造已经成为全球制造业转型的重要方向。随着全球环境意识的增强,越来越多的消费者和投资者开始关注企业的环保表现。在这样的背景下,企业在绿色制造方面的投入和努力显得尤为重要。通过实施绿色制造战略,企业不仅能够减少环境污染、提高资源利用效率,还能够展示其环保担当和社会责任。这种积极的企业形象无疑会提升企业在国际市场上的声誉和形象,进而增强其国际竞争力。同时,绿色制造也为企业带来了技术创新和产品升级的机会,使其在全球市场中更具竞争力。

4. 增强社会福祉

从社会福祉的角度分析,绿色制造通过减少环境污染、改善工作环境和提高产品质量等方式,为社会创造了更多的福祉。这种福祉的提升不仅增强了公众对绿色制造的支持和认可,还促进了社会的和谐与稳定,为经济的可持续发展创造了良好的社会环境。

绿色制造能够减少环境污染,保护生态环境。随着工业化的快速发展,环境污染问题日益严重,影响了人们的健康和生活质量。而绿色制造通过采用环保材料、节能技术以及废弃物循环利用等方式,极大降低了生产过程中的污染物排放,有利于改善空气质量、水质和土壤质量,为人们创造一个更加宜居的生活环境。绿色制造可以改善工作环境,保障劳动者权益。传统的制造业往往存在较高的职业安全风险和劳动强度,而绿色制造则强调以人为本,注重员工的安全健康和工作效率。通过引入先进的生产设备和技术,优化生产流程,降低噪声、粉尘等有害因素,绿色制造可以显著改善工人的工作条件,提高其工作效率和满意度。绿色制造有助于提高产品质量,满足消费者需求。在绿色制造模式下,企业注重产品的全生命周期管理,从设计、生产到回收都充分考虑环保和资源效率。这不仅可以降低产品的环境影响,还可以增强产品的耐用性和安全性,满足消费者对高品质生活的追求。绿色制造增强了公众对环境保护的意识,推动了社会的和谐与稳定。

(四)承担社会责任

1. 履行环境责任

从企业社会责任(CSR)理论的角度分析,绿色制造是企业积极履行其对环境、社会和经济的三重责任的具体表现。企业通过采用环保材料、优化生产工艺、减少能源消耗和排放等措施,降低对环境的负面影响,从而履行了其对环境的责任。同时,绿色制造还通过提高资源利用率、减少废弃物产生和降低环境治理成本等方式,为社会的可持续发展做出贡献,体现了其对社会的责任。此外,绿色制造通过创新和技术进步,推动产业升级和转型,促进经济增长和就业,展现了其对经济的责任。

2. 满足利益相关者期望

从利益相关者理论的视角来看,绿色制造不仅是对环境责任的承担,更是企业对各类利益相关者期望和需求的积极回应。随着环境问题的日益突出,消费者更加倾向于选择环保产品,投资者也日益关注企业的可持续发展能力,而政府则不断推动绿色产业的发展。在这种背景下,企业实施绿色制造战略,不仅能够有效减少环境污染,提高资源利用效率,还能展示其对环境保护的积极态度,从而赢得消费者的青睐、投资者的信任以及政府的支持。这不仅有助于企业满足利益相关者的期望,更能提升其声誉和形象,进一步巩固与利益相关者的关系。

3. 实现经济、社会和环境三者协调发展

从可持续发展理论的角度来看,绿色制造是实现经济、社会和环境三者协调发展的重要途径。它强调在生产过程中减少对环境的污染和资源的浪费,提高能源利用效率,降低生产成本,从而实现经济增长。同时,绿色制造也能够增进社会公平和福祉,因为它关注的是长期的社会利益和生态环境保护,而不仅仅是短期的经济效益。企业通过实施绿色制造,不仅能够提升自身的竞争力,而且能为社会创造更多的价值。这种发展模式符合可持续发展的核心理念,即满足当前需求的同时不损害后代满足其需求的能力。因此,绿色制造体现了企业对未来社会和环境的责任和担当,也是企业实现可持续发展的必然选择。

三、绿色制造的实践应用

(一)绿色设计与制造

绿色设计强调在产品开发的初期阶段就融入环保理念,确保产品的整个生命周期内都能实现资源的高效利用和环境的最小影响。在设计过程中,工程师和设计师需要综合考虑材料选择、产品结构、制造工艺以及产品的再利用性等因素。例如,选择可再生、

可回收或环境友好型材料,优化产品结构以减少材料消耗,设计易于拆卸和回收的产品结构等。绿色制造则是指在产品制造过程中采用环保、高效的工艺和技术,确保产品在制造过程中的环境影响最小化。这包括减少能源消耗、降低废弃物产生、减少有害物质排放等。例如,采用先进的节能设备、优化生产流程、实施清洁生产等。绿色设计与制造的实践应用需要跨学科的合作,包括设计学、机械工程、材料科学、环境科学等多个领域。通过综合应用这些领域的知识和技术,可以实现产品从设计到制造全过程的绿色化,从而推动整个制造业向更加可持续的方向发展。

(二)清洁生产技术与方法

清洁生产技术与方法是在工业生产过程中,通过应用一系列创新的、环保的技术手段和管理策略,旨在减少环境污染、提高资源利用效率,并实现经济和环境的双重效益。

1. 技术原理

清洁生产技术的核心原理是"3R"原则,即减量化(Reduce)、再利用(Reuse)和再循环(Recycle)。这些原则指导着生产过程中的物料管理、能源消耗和废弃物处理。

(1)减量化

减量化作为绿色制造和清洁生产的核心策略之一,其目标是通过创新性的产品设计优化和生产工艺改进,最大限度地降低原材料和能源的消耗,并减少废弃物的产生。这一策略的实施不仅有助于减轻环境压力,还能显著提高企业的经济效益。通过减量化,企业可以减少资源消耗,降低生产成本,同时减少废弃物处理费用。此外,减量化还有助于提升产品的竞争力,因为环境友好的产品往往更受市场欢迎。

（2）再利用

再利用旨在提升产品的耐用性、可维修性以及模块化设计，使得产品在完成其初始功能后，仍然能够被多次使用或重新利用。这种策略不仅有助于减少废弃物的产生，而且能够显著延长产品的使用寿命，提高资源的使用效率。为了实现再利用的目标，设计师和生产商需要在产品设计和制造过程中，充分考虑产品的可维修性和模块化设计，以便在必要时进行拆卸、维修或重新组装。同时，消费者也需要养成节约使用、物尽其用的习惯，共同推动再利用策略的实施。

（3）再循环

再循环是绿色生产和清洁经济中至关重要的环节，它强调将生产过程中产生的废弃物进行回收、处理和再利用，旨在减少这些废弃物对环境的负面影响。通过再循环，企业能够将原本被视为无用的物质转化为有价值的资源，从而实现资源的最大化利用。这不仅有助于降低企业对原材料的需求，减少开采新资源的压力，还能减少废弃物的排放，保护生态环境。

2. 技术手段

（1）节能技术

节能技术是绿色制造和清洁生产的重要组成部分，其核心在于采用高效的能源管理系统和设备，以减少能源消耗。这些技术旨在通过提高能源使用效率、优化能源配置和降低能源浪费，来实现生产过程的绿色化和高效化。通过应用节能技术，企业可以在保证生产质量的同时，显著减少能源消耗，从而降低生产成本，提高经济效益。此外，节能技术还有助于减少温室气体的排放，缓解全球气候变化的压力。

（2）无害或低害原料替代

无害或低害原料替代是绿色制造和清洁生产的关键策略之

一。这意味着在生产和制造过程中,选择那些对环境影响较小、不含有毒有害物质的原材料。通过采用环境友好型原材料,企业可以显著减少对环境的污染和破坏,同时降低生产过程中的风险。这种替代不仅有助于保护生态环境,还能提升产品的质量和安全性。

(3)过程优化

过程优化是绿色制造和清洁生产中的一项重要策略,它涉及对生产流程进行细致的分析和改进,以减少物料损失和能源消耗。这要求企业在生产过程中,不仅要关注产品的质量和数量,还要注重资源的有效利用。通过优化生产流程,企业可以更加精准地控制物料的使用和能源的消耗,从而降低生产成本,减少废弃物的产生。同时,过程优化也有助于提高生产效率,增强企业的竞争力。

(4)废弃物回收和处理技术

废弃物回收和处理技术是绿色制造和清洁生产中的关键环节,它通过对生产过程中产生的废弃物进行分类、回收和处理,实现资源的再利用和废弃物的减量化。这些技术有助于将原本被视为废物的物质转化为有价值的资源,从而提高资源的利用率,减少对环境的污染。为了实现这一目标,企业需要建立完善的废弃物回收体系,采用先进的处理技术,对废弃物进行分类、回收和处理。这不仅有助于企业的可持续发展,还能为社会创造更多的经济和环境价值。

第二节 环保材料在机械制造中的应用

一、环保材料的定义与分类

(一)环保材料的定义

环保材料,是一种旨在减轻对环境负担的先进材料。这些材料不仅在制造过程中力求减少能源消耗和污染物排放,更在使用和废弃后处理中展现出极强的环境相容性。它们强调资源的循环利用,追求高效利用,避免过度开采和浪费。与此同时,环保材料对环境的污染极低,旨在减少对人类赖以生存的生态环境的破坏。更为重要的是,这些材料在制造和使用过程中严格避免了对人体健康的潜在威胁,确保人们的生活安全与健康。环保材料的研发与应用,已成为全球应对环境问题和资源危机的关键手段,为实现可持续发展的宏伟目标提供了有力的支持。

(二)环保材料的分类

1. 按来源分类

(1)天然环保材料

天然环保材料,是大自然赋予我们的宝贵资源。它们直接从自然界中获取,无须复杂的加工过程,就能保持其原始的美感和实用性。木材、石材、竹材等,都是这类材料的典型代表。木材,作为地球上最常见的天然材料之一,具有优良的力学性能和可再生的特点,被广泛应用于建筑、家具等多个领域。石材,以其坚固耐用的特性,成为雕塑、建筑等领域的重要材料。而竹材,作为生长迅速的可再生资源,不仅具有优美的纹理,还具备环保、低碳的特点,是替代传统木材的理想选择。这些天然环保材料,不仅对环境影响小,更有助于实现可持续发展。

(2)人工合成环保材料

人工合成环保材料是指通过化学或物理方法人为制造的,旨在减少对环境影响的新型材料。这些材料不仅具有传统材料的功能性,也在生产、使用和废弃过程中注重环境保护。比如生态水泥,其生产过程中产生的碳排放远低于传统水泥,且能有效利用工业废弃物,实现了资源循环利用。此外,还有许多其他的人工合成环保材料,如生物基复合材料、绿色涂料等,都在各自的领域内发挥着重要作用,推动着环保事业的发展。

2. 按用途分类

(1)建筑环保材料

建筑环保材料是专为建筑行业设计,旨在减少环境污染、提高能源效率和促进可持续发展的材料。绿色混凝土,作为其中的一种,通过优化配比和使用工业废弃物等替代材料,显著减少了对环境的影响。节能门窗则采用先进的隔热和保温技术,有效减少建筑能耗,提升室内舒适度。保温材料在建筑围护结构中发挥着至关重要的作用,能够降低冷热能量的传递,提高建筑的保温性能。这些建筑环保材料的应用,不仅有助于减少建筑行业的碳排放和环境负担,还能提升建筑的使用效能,为创造绿色、健康的居住环境贡献力量。

(2)包装环保材料

包装环保材料是指用于包装产品的,旨在减少对环境影响的新型材料。这些材料在满足包装的基本功能的同时,也注重环境保护和资源节约。例如可降解塑料,它在完成其包装任务后能在一定时间内自然分解为无害物质,降低了"白色污染"的风险。此外,纸质包装也是一种常见的环保包装材料,它的来源广泛,易于回收再利用,而且在生产过程中产生的污染较少。另外,还有许多其他的包装环保材料,如玉米淀粉制成的生物降解塑料、竹子或甘蔗渣制成的绿色包装盒等,都在各自的领域内发挥着重要作用,推动着环保事业的发展。这些材料的使用不仅可以降低环境污染,还可以提高资源利用效率,是实现可持续发展的重要途径之一。

(3)汽车环保材料

汽车环保材料,是汽车制造业在追求可持续发展过程中所使用的关键要素。这些材料不仅具备轻质、高强度的特性,还注重环保和人体健康。其中,轻质高强度的复合材料以其卓越的力学性能和轻量化特点,成为现代汽车制造中的重要选择。它们有效减轻了汽车重量,提高了燃油效率,降低了二氧化碳排放。同时,环保涂料也在汽车制造业中得到广泛应用。这些涂料在减少挥发性有机化合物(VOC)排放、降低环境污染方面表现出色,为汽车行业的绿色发展提供了有力支撑。这些汽车环保材料的应用,不仅推动了汽车制造业的技术创新,也为保护地球环境、实现可持续发展做出了积极贡献。

3. 按环境协调性分类

(1)可循环再生材料

可循环再生材料是指那些在使用后可以通过回收和再加工过程,再次转化为新的产品或原材料的物质。这类材料的使用能够有效减少资源浪费,降低环境污染,是实现可持续发展的重要途径之一。例如金属和玻璃,这两种材料都具有极高的回收利用率。金属材料如钢铁、铝等,可以经过熔炼等处理,反复用于制造各种工业产品;而玻璃则可通过破碎、清洗、熔化等步骤,重新制成各类玻璃制品。这种循环利用的过程不仅节约了大量矿产资源,也减少了废弃物对环境的影响。此外,还有许多其他的可循环再生材料,如塑料、纸张等,也在各自的领域内发挥着重要作用。这些材料的广泛使用和推广,有助于构建一个更加环保、节能的社会。

（2）可降解材料

可降解材料是一类特殊的环保材料,它们在使用过程中或废弃后,能够在自然环境中通过微生物的作用逐渐降解,从而避免了对垃圾填埋场和环境的长期污染。生物降解塑料是其中的一种,它们由可再生的生物质资源制成,如淀粉、纤维素等,能够在自然条件下被微生物分解为水和二氧化碳,不会对环境造成持久性的伤害。木质复合材料也是可降解材料的一种,它们结合了木材和其他可再生资源的优点,具有优异的物理性能和环保特性,能够在自然环境中逐渐降解。这些可降解材料的应用,有助于减少传统塑料等不可降解材料的使用,推动循环经济的发展,实现资源的可持续利用。

（3）低污染材料

低污染材料是指在生产和使用过程中产生的环境污染较小的材料,它们是实现绿色生产、低碳生活的重要选择。这类材料不仅有利于环境保护,也符合现代社会对可持续发展的追求。例如水性涂料和低挥发性有机化合物（VOC）含量的胶黏剂。水性涂料以其环保性能而受到青睐,它以水为溶剂,相比传统的油性涂料,大大减少了有害物质的排放;而低 VOC 胶黏剂则是在保证黏接效果的同时,尽量降低其在使用过程中释放的有害气体,从而减轻了对环境和人体健康的潜在威胁。此外,还有许多其他类型的低污染材料,如生物降解塑料、无毒环保型木材防腐剂等,都在各自的领域内发挥着重要作用。这些材料的应用推广,将有助于我们构建一个更加清洁、健康的生活环境。

二、环保材料在机械制造中的应用现状

(一)环保材料的应用范围

随着全球环境问题的日益严重,机械制造行业也开始重视环保材料的应用。环保材料不仅有助于减少机械制造过程中的环境污染,还能提高产品的可持续性和市场竞争力。环保材料在机械制造中的应用范围非常广泛,主要包括以下几个方面:

1. 结构材料

环保型结构材料,如高强度轻质复合材料和生物基复合材料等,在机械产品的制造中得到了广泛应用。这些材料具有诸多优点,如轻质、高强、耐磨损、耐腐蚀等,能够显著提高机械产品的性能和使用寿命。轻质特性使得机械产品在使用过程中能耗更低,符合节能减碳的理念。其次,高强性能保证了机械产品的稳定性和安全性,降低了因材料问题导致的故障风险。再者,耐磨损和耐腐蚀的特点则有助于延长产品的使用寿命,减少更换频率,从而节省资源并降低环境影响。此外,这类材料还具有良好的可回收性,废弃后可通过适当的方式进行回收再利用,减少了废弃物对环境的压力。

2. 涂层和表面处理材料

环保型涂层和表面处理材料,作为绿色制造的重要一环,正逐步替代传统的溶剂型涂料。其中,水性涂料以其低污染、低能耗的特点,受到广泛关注和应用。与传统的溶剂型涂料相比,水性涂料在制备和使用过程中减少了大量有机溶剂的使用,从而显著降低了挥发性有机化合物(VOC)的排放。这不仅有利于改善空气质量,减轻对大气环境的污染,还降低了对生产人员的健康风险。此外,低 VOC 含量的涂料也在不断研发和应用中,这些材料进一步

减少了对环境的负担,为生态环境保护做出了积极贡献。随着技术的不断进步,相信未来会有更多环保型涂层和表面处理材料问世,为可持续发展注入新的活力。

3. 密封和黏接材料

环保型密封和黏接材料,如生物降解型密封胶和无溶剂型胶黏剂等,在机械产品的密封和黏接过程中发挥着重要作用。这些材料不仅具有良好的黏接性能和密封性能,而且在使用过程中能够减少对环境的污染。生物降解型密封胶在完成其密封功能后,能够在一定时间内自然分解,不会产生持久性的环境污染;而无溶剂型胶黏剂则避免了传统胶黏剂中挥发性有机化合物的排放,降低了空气污染和对人体健康的潜在威胁。此外,这类环保型密封和黏接材料还具有优异的耐候性和耐温性,能在各种环境下保持稳定的性能,从而保证了机械产品的质量和使用寿命。

4. 润滑和冷却材料

环保型润滑和冷却材料,正逐步成为工业领域的新选择。它们以生物基润滑油、水溶性冷却液等为代表,有效替代了传统的矿物油基润滑油和冷却液。这些新材料在提供出色的润滑和冷却性能的同时,也极大地降低了对环境的污染。生物基润滑油,例如植物油和动物脂肪转化而来的润滑油,不仅可再生,而且生物降解性强,减少了对土壤和水体的污染。水溶性冷却液则具有优异的冷却性能,同时不含有害物质,降低了废水处理的难度。这些环保型润滑和冷却材料的应用,不仅提升了工业生产的效率,也促进了工业领域的绿色转型,为环境保护贡献了一份力量。

(二)主要应用的环保材料类型

1. 金属基复合材料

金属基复合材料是一种结合了金属基体与增强体的先进材

料,它拥有出色的力学和物理性能。在机械制造领域,金属基复合材料被广泛用于制造高性能零部件,如耐磨件和减摩件等。这些部件需要承受高负荷、高摩擦和高温等恶劣条件,而金属基复合材料的高强度、高耐磨性以及良好的热稳定性使其成为理想的选择。此外,这种材料还具有低的热膨胀系数,能够在温度变化的环境中保持稳定的尺寸精度。金属基复合材料的应用不仅提高了机械产品的性能和使用寿命,还推动了机械制造行业的创新和发展。

2. 生物基材料

生物基材料是一种源于可再生生物质资源的环保材料,如农作物废弃物、木材等。这些材料在机械制造领域有着广泛的应用,特别是在制造生物降解的包装材料、密封材料以及某些结构部件方面。生物基材料可再生、可降解,且环境友好,因此它们有助于减少对传统石油资源的依赖,降低对环境的负担。与传统的石油基材料相比,生物基材料在制造过程中产生的碳排放和污染物排放较低,符合可持续发展的要求。随着对环境保护意识的增强和可再生资源利用技术的发展,生物基材料在机械制造中的应用将会越来越广泛。

3. 高分子复合材料

高分子复合材料是一种由两种或多种高分子材料经过物理或化学方法复合而成的先进材料。在机械制造领域,这种材料的应用日益广泛。高分子复合材料因其独特的优势,如质轻、强度高、耐腐蚀和耐磨损等特性,被广泛应用于制造轻量化零部件、密封件和绝缘件等。此外,高分子复合材料还具备易于加工成型的特点,为机械制造提供了更多的灵活性和便利性。随着科技的进步,高分子复合材料在机械制造中的应用将不断扩展,为行业带来更多的创新和突破。

4.陶瓷材料

陶瓷材料是一种由无机非金属材料经过高温烧结工艺制成的特殊材料,以其独特的性质在机械制造领域占据了一席之地。由于其具备高硬度、高耐磨性、良好的化学稳定性和出色的热稳定性,陶瓷材料成为制造耐磨、耐腐蚀零部件的理想选择,如刀具和轴承等。在高速切削、高精度加工和恶劣环境下,陶瓷材料展现出的卓越性能,使得机械制造的产品质量和效率得到了极大的提升。随着材料科学的不断进步,陶瓷材料在机械制造中的应用前景将更加广阔,为推动行业的创新与发展贡献力量。

5.纳米材料

纳米材料,一种尺寸仅在 1 到 100 纳米之间的微观材料,因其独特的物理和化学性质,在机械制造领域展现出了巨大的应用潜力。这些微小的粒子,虽然体积微小,但它们的力学、电磁和光学性能却异常优异。在机械制造中,纳米材料常被用来提升传统材料的性能,如增强金属材料的硬度,增强涂层的耐磨性等。这些优势使得纳米材料成为机械制造领域的一种重要创新。它们不仅提高了产品的性能和质量,还推动了机械制造行业的科技进步和可持续发展。

三、环保材料的应用优势与挑战

(一)应用优势分析

1.环境友好性

环保材料的制造过程不仅注重减少环境污染,而且强调能源消耗的最小化。相比于传统的石油基材料,生物基材料和可降解材料源于可持续的、可再生资源,这使得它们在生产和使用过程中对环境的影响极大降低。这些环保材料的生产流程通常涉及更少的有害化学物质排放和能源密集型步骤,从而有助于减轻全球变暖的压力。此外,环保材料在废弃后能够自然降解或被回收利用,这一特性极大减少了垃圾填埋场的压力,降低了对环境的长期污染风险。例如,生物基塑料可以在适当的条件下被微生物分解为水和二氧化碳,而不会产生持久的微塑料颗粒;同时,许多可降解材料也可以通过工业过程进行回收,转化为新的原料或能源。

2. 性能优势

环保材料在机械制造领域的应用,展现出令人瞩目的性能优势。金属基复合材料通过结合金属的高强度与增强体的独特性质,赋予了产品卓越的力学特性,如高强度、高耐磨性和出色的热稳定性。这使得机械零部件在承受高负荷和极端工作环境下仍能保持稳定性能。同时,高分子复合材料和陶瓷材料凭借其轻质、高强度、耐腐蚀和耐磨损等特性,在机械制造中得到了广泛应用。这些材料的优异性能不仅满足了机械制造对产品性能的高要求,还显著提高了产品的使用寿命和可靠性,为机械制造行业的可持续发展注入了新动力。

3. 社会优势

环保材料的应用在机械制造领域具有显著的社会优势。首先,它符合全球可持续发展的趋势,体现了企业对环境保护的积极态度,从而有助于提升企业的社会形象和品牌价值。随着公众对环保问题的关注度不断提高,消费者越来越倾向于选择使用环保材料制成的产品。因此,采用环保材料的产品在市场上更具竞争力,能够吸引更多环保意识强的消费者。此外,环保材料的应用还能推动机械制造行业的绿色转型和创新发展。通过使用环保材料,企业可以减少对环境的污染和破坏,降低资源消耗,实现经济效益和环境保护的双赢。这将促使整个行业朝着更加环保和可持续的方向发展,为社会和环境做出积极贡献。

（二）面临的挑战与问题

1. 技术挑战

尽管环保材料的研发和制备技术已取得显著进展，但仍存在许多技术难题需要解决。特别是在纳米材料和生物基材料等前沿领域，如何在保证材料的稳定性和性能一致性的同时，实现大规模、低成本生产仍然是一个重大挑战。例如，在生物基材料的研发中，科学家们正在努力探索如何通过优化发酵过程和生物质处理技术，提高生物质资源的利用率和产品质量。然而，这些新型材料的结构复杂且具有较高的可变性，因此在实验室条件下获得的良好结果往往难以在实际生产过程中得到复制。此外，部分环保材料如高分子复合材料和陶瓷材料，在加工和制造过程中可能需要特殊的设备和技术。这些技术和设备通常与传统的机械制造工艺有所不同，对企业的技术研发能力提出了更高的要求。为了适应这一趋势，传统机械制造企业需要不断更新技术知识，投资研发新的生产设备，并培训员工掌握先进的加工技术。

2. 经济问题

环保材料的研发和生产成本通常高于传统材料，这主要源于其生产过程的复杂性和对新技术的需求。在机械制造中，使用环保材料往往需要更精细的工艺和更高端的设备，这些都增加了产品的成本。尽管消费者对环保产品的需求在增加，但当面对价格更高的产品时，他们可能会犹豫。特别是在经济压力较大的时候，许多消费者可能会选择价格更低、性能稍逊的传统材料产品。因此，环保材料的市场接受度在一定程度上受到了高成本的挑战。

3. 环境问题

尽管环保材料来源于可再生资源，其生产过程中可能需要大量的能源和水资源，这可能会对资源的可持续性造成压力。例如，在生物基塑料的生产过程中,需要大量使用玉米、甘蔗等农作物作为原料,而这可能导致与粮食生产之间的竞争,进一步加剧全球食物供应的压力。另外,尽管环保材料本身具有可降解或可回收的特点,但在实际应用中,废弃物的处理和管理仍然是一个需要解决的问题。例如,一些可降解塑料在自然环境中分解的速度较慢,若不经过妥善处理,仍有可能对土壤和水源产生污染。此外,回收过程中的分离技术、清洗技术和再加工技术也需要进一步改进和完善,以提高回收效率和降低环境污染风险。

4. 社会认知

尽管环保意识在全球范围内得到了广泛的认同和推动,但在实际应用中,仍有一些企业和消费者对环保材料持有怀疑态度。这可能是因为他们对环保材料的性能、耐用性和安全性缺乏深入了解,或者因为担心采用环保材料会增加生产成本和技术难度。在机械制造行业中,这种怀疑态度尤其明显。机械设备通常需要长期稳定运行,并且对安全性和可靠性要求极强,因此一些企业可能会担忧使用环保材料会影响设备的性能和使用寿命。此外,由于环保材料的研发和生产成本相对较高,这也可能导致企业在选择材料时更加谨慎。

第五章　机械制造与维修的实践应用

第一节　机械制造在企业生产中的应用

一、机械制造在企业生产中的地位

机械制造在企业生产中的地位可谓举足轻重。它不仅是企业生产流程中的核心环节,更是决定企业生产效率、产品质量以及成本控制的关键因素。

(一)机械制造是企业生产流程中的关键环节

机械制造是企业生产流程中的关键环节,其重要性不言而喻。原材料的加工、零部件的制造,乃至最终产品的组装,每一个步骤都离不开机械制造的支持。可以说,机械制造就是工业生产的基石,没有高精度、高效的机械制造,就无法保证产品的质量和交货期,进而影响到企业的市场竞争力。在原材料的加工过程中,机械制造通过精确的切割、打磨等操作,将原始的材料转化为符合设计要求的零部件。而在零部件的制造阶段,机械制造更是扮演着核心角色,通过对金属、塑料等材料的塑形、焊接等工艺,打造出各种复杂的零部件。最后,在产品组装阶段,机械制造通过精密的装配技术,将各个零部件组合成完整的产品。机械制造的精度和效率直接影响产品的质量。精度高的机械制造可以确保零部件的尺寸、形状等参数完全符合设计要求,从而保证产品的性能和可靠性。同时,高效的机械制造可以缩短生产周期,提高产量,从而满足市场需求,提升企业的市场份额。此外,机械制造还关系到交货期。在激烈的市场竞争中,准时交货是企业获得客户信任、保持竞争优势的重要手段。因此,高效的机械制造不仅可以提高产量,还可以确保按期交货,从而提升企业的信誉度和市场竞争力。

(二)机械制造对企业生产效率具有决定性影响

机械制造对企业生产效率具有决定性影响。高效的机械制造设备和技术能够大幅提高生产效率,降低生产成本,使企业在激烈的市场竞争中占据优势地位。这些高效设备通常采用先进的自动化、智能化技术,能够精确控制生产过程,减少人工干预,从而极大提高生产效率和产品质量。同时,通过优化机械制造工艺,企业可以降低原材料和能源消耗,减少废弃物排放,实现绿色生产。这不仅有助于降低生产成本,还有利于提升企业的社会形象,增强其在市场中的竞争力。然而,如果机械制造环节存在瓶颈,将直接影响整个生产流程的顺畅进行,影响企业的生产效率和经济效益。例如,设备故障、工艺不合理、人员操作不当等问题都可能导致生产效率下降,产品质量不稳定,甚至引发安全事故。因此,企业必须重视机械制造环节的管理和维护,及时发现并解决各种问题,以确保生产的顺利进行。

(三)机械制造关乎企业的成本控制

机械制造关乎企业的成本控制。一方面,先进的机械制造技术和设备可以降低原材料和能源的消耗,减少废弃物的产生,从而降低生产成本。这些技术包括高效节能的生产设备、优化的工艺流程、精准的质量控制等,通过提升生产效率和产品质量,实现资源的最大化利用。同时,高质量的机械制品可以减少售后维修和更换的频率,进一步降低企业的运营成本。高品质的机械产品不仅能够保证生产的稳定进行,减少因设备故障造成的停工损失,还能够提高客户满意度,增强企业的品牌形象,从而带来更多的商业机会。然而,如果机械制造环节出现问题,可能会导致产品质量下降,增加维修和更换的成本,甚至引发安全事故,对企业造成巨大的经济损失。因此,企业必须重视机械制造环节的质量管理,确保每一件出厂的产品都符合严格的质量标准。

(四)机械制造在企业技术创新中扮演重要角色

机械制造在企业技术创新中扮演着重要角色。随着科技的不断进步,机械制造技术也在不断更新换代。在这个过程中,企业要想保持竞争优势,就必须不断进行技术创新和升级。机械制造作为技术创新的重要载体,其发展水平直接决定了企业技术创新的能力。只有拥有先进的机械制造技术和设备,企业才能快速实现新产品的研发和生产,满足市场的需求变化。机械制造是企业实施技术创新的关键环节。在产品设计、材料选择、工艺优化等各个环节,都需要机械制造的支持。通过不断创新和改进,企业可以不断提升产品质量,扩大市场份额,赢得消费者的青睐。然而,机械制造领域的技术创新并非易事,需要企业投入大量的资金和人力资源。此外,还要面对来自竞争对手的压力和技术风险。因此,企业在进行机械制造技术创新时,必须有明确的战略规划,合理配置资源,确保技术创新的成功。

二、机械制造与企业生产的融合

(一)机械制造在企业生产中的角色

机械制造在企业生产中扮演着多重角色,它是企业制造能力的基础,对产品质量的保证,还是生产效率提升的驱动者和成本控制的关键因素。

1.基础制造能力构建者

机械制造是企业生产活动的基础,不仅决定了企业能够生产什么类型的产品,还影响了产品的复杂性和精度。在企业的生产线、工艺流程和设备配置等各个环节中,机械制造都起着核心作用。机械制造是构建企业生产线的基础。通过合理的设备布局和工艺设计,可以实现高效、稳定的生产过程。同时,机械制造技术的进步也可以帮助企业提高生产效率,降低生产成本,进一步提升企业的竞争力。机械制造是保证产品质量的关键。只有拥有先进的机械制造技术和设备,企业才能确保产品的质量和稳定性,满足市场的需求。此外,机械制造还可以通过工艺优化和技术创新,不断提升产品的性能和附加值,增强企业的竞争优势。然而,强大的机械制造能力并非一蹴而就,需要企业长期投入和积累。这包括对机械制造技术的研发,对生产设备的更新换代,以及对技术人员的培养和管理。只有这样,企业才能建立起稳固的基础制造能力,为企业的持续发展提供有力的支持。

2.产品质量的保障者

机械制造过程中的精度控制、工艺管理等因素直接影响着产品的质量。高质量的机械制造过程是产品质量的重要保障,也是企业竞争力的核心体现。机械制造过程中的精度控制是保证产品质量的关键环节。只有精确地控制每一个生产步骤和参数,才能确保产品的尺寸、形状和性能达到设计要求。而这种精度控制能力,需要企业在机械制造技术、设备和人员等方面进行持续投入和提升。良好的工艺管理也是保证产品质量的重要手段。通过优化工艺流程,可以提高生产效率,降低废品率,从而提升产品质量。同时,工艺管理还能帮助企业发现和解决生产过程中出现的问题,进一步提高产品质量的稳定性。此外,机械制造过程中的技术创新和质量控制也是企业提升产品质量的重要手段。通过对新技术、新材料、新工艺的研究和应用,企业可以不断提升产品的性能和附加值,满足市场的多元化需求。同时,严格的质量控制体系也能确保产品在生产过程中的每一个环节都符合标准和要求,为用户提供满意的产品和服务。

3. 生产效率提升的驱动者

机械制造技术的进步和创新是推动企业生产效率提升的关键因素。先进的机械制造设备、自动化生产线等都能够显著提高企业的生产效率,降低生产成本,增强企业的市场竞争力。先进的机械制造设备是提升生产效率的基础。现代机械制造设备具有高精度、高速度、高稳定性等特点,可以极大提高生产效率,减少人工操作的误差和疲劳,保证产品的质量稳定。自动化生产线的应用也是提高生产效率的重要手段。通过将多个生产环节集成在一起,实现物料的自动输送、加工和装配,可以极大缩短生产周期,提高生产效率。同时,自动化生产线还可以减少人工干预,降低生产过程中的安全风险。此外,机械制造技术创新也是提升生产效率的关键。通过对新材料、新工艺、新技术的研究和应用,企业可以不断优化生产流程,提高生产效率,满足市场的多元化需求。例如,3D 打印技术的发展,使得产品原型的制作时间极大缩短,加速了新产品开发的速度。

4. 成本控制的关键因素

机械制造过程中的原材料消耗、能源消耗、设备维护等成本是企业生产成本的重要组成部分。通过优化机械制造过程,提高设备利用率,降低能源消耗和原材料浪费,可以有效控制生产成本,提高企业的经济效益。原材料消耗是机械制造过程中的一大成本来源。通过改进生产工艺,采用更加环保、高效的材料,可以减少原材料的使用量,从而降低原材料成本。此外,通过实施严格的库存管理,避免原材料的过度储存和过期损失,也可以节约成本。能源消耗也是影响生产成本的重要因素。通过引入节能技术和设备,比如高效电机、节能灯等,可以显著降低能源消耗,进而降低生产成本。同时,通过对生产设备进行定期维护和保养,确保其正常运行,也可以减少因设备故障造成的停机时间,从而提高能源利用效率。设备维护成本也不容忽视。通过科学合理的设备管理,延长设备使用寿命,减少维修次数和费用,可以有效控制设备维护成本。例如,定期对设备进行预防性维护,及时发现并解决问题,避免设备出现大修的情况。

5. 技术创新的推动者

机械制造技术的发展和创新是推动企业技术创新的重要动力。随着科技的进步,机械制造技术也在不断更新换代,为企业提供了新的生产手段和生产方式。企业要想保持竞争优势,就必须不断进行机械制造技术的创新和应用。机械制造技术的进步可以提高生产效率。通过引入自动化、智能化的生产设备和技术,可以实现生产过程的高度自动化,减少人工干预,从而提高生产效率,降低劳动成本。此外,新型的机械设备通常具有更高的精度和稳定性,能够保证产品的质量,提升企业的市场竞争力。机械制造技术的创新有助于产品多样化和个性化。随着消费者需求的多样化和个性化,企业需要开发出更多种类和更具特色的产品来满足市场需求。通过机械制造技术的创新,企业可以快速响应市场变化,开发出适应市场需求的新产品。机械制造技术的创新有助于环境保护和可持续发展。随着环保意识的增强,企业需要在追求经济效益的同时,注重环境和社会责任。通过引入绿色制造技术和设备,如节能设备、废物回收利用技术等,企业可以实现清洁生产和可持续发展。

(二)机械制造对企业生产效率的影响

1. 设备自动化与智能化

现代机械制造技术正朝着自动化和智能化的方向发展,这在很大程度上改变了传统的生产方式。自动化生产线和智能机器人以其高效、精确的特点逐渐取代了传统的人工操作,减少了人为错误,大幅提高了生产速度和精度。自动化生产线能够实现连续、高效的生产流程。通过预先设定的程序,生产线上的各种设备可以自动完成一系列复杂的操作,如物料搬运、装配、检测等。这样不仅减轻了工人的劳动强度,还极大地提高了生产效率,缩短了产品从原材料到成品的周期。智能机器人在机械制造中的应用日益广泛。它们具有高度的灵活性和适应性,能够执行各种精细的操作任务,如焊接、打磨、喷涂等。此外,智能机器人还能根据生产需求进行自我调整和优化,进一步提高生产效率和质量。再者,自动化和智能化的机械制造技术还有助于降低企业的运营成本。由于减少了人工干预,企业可以节省大量的人力资源,并降低因人为失误导致的质量问题和安全事故。同时,自动化生产线和智能机器人的使用还可以减少能源消耗,符合现代社会对节能环保的要求。

2. 工艺流程优化

机械制造技术的进步不仅体现在自动化和智能化上,更促进了生产工艺流程的优化。通过引入先进的加工技术、工艺参数优化以及先进的测量和控制技术,企业可以更加精确地控制生产过程中的每一个环节,从而提高生产效率和质量。先进的加工技术是实现高质量产品的重要手段。例如,高速切削、精密磨削、激光切割等技术能够大幅提高零件的精度和表面质量,使产品的性能得到显著提升。同时,这些技术还能减少原材料的浪费,降低生产成本。工艺参数优化也是提高生产效率的关键。通过对生产过程中各种参数(如切削速度、进给量、刀具角度等)进行精细化调整和优化,可以最大限度地发挥设备的性能,缩短加工时间,提高产品质量。此外,先进的测量和控制技术在保证生产质量方面起了至关重要的作用。例如,使用高精度的检测仪器和传感器,可以实时监测生产过程中的各项参数,及时发现并纠正可能出现的问题。而通过实施计算机集成制造系统(CIMS),企业可以实现对整个生产过程的数字化管理和监控,进一步提高生产效率和质量。

3. 生产规模扩大与柔性制造

随着机械制造技术的不断发展,企业不仅能够生产更大规模的产品以满足市场需求,而且通过引入柔性制造技术,可以实现生产流程和产品配置的快速调整,从而更好地适应市场变化。大规模生产是机械制造技术发展的重要成果。随着设备自动化程度的提高和生产效率的提升,企业能够在短时间内完成大量产品的生产,这使得企业有能力满足市场对大批量产品的需求。同时,大规模生产还能降低单位产品的成本,提高企业的竞争力。柔性制造技术为企业提供了应对市场变化的能力。传统的刚性生产线往往只能生产单一品种或少量变型产品,而柔性制造系统则可以根据订单需求快速切换不同的生产流程和产品配置,大幅提高了生产的灵活性。这种能力在面对市场需求多样化、个性化趋势时显得尤为重要。此外,柔性制造技术还有助于提高生产效率。通过将多种加工工艺集成在同一台设备上,或者采用模块化设计,企业可以在不增加额外设备的情况下,实现不同产品的生产。这样既可以减少设备投资,又可以缩短生产准备时间,从而提高整体的生产效率。

4. 质量控制与减少废品率

质量控制与减少废品率在机械制造技术中扮演着至关重要的角色。精确性和稳定性是衡量机械制造技术的重要指标,它们直接决定了产品的质量和生产效率。通过采用先进的设计和制造技术,企业可以提高产品的精度和稳定性,从而满足客户对高质量产品的需求。例如,使用计算机辅助设计和制造(CAD/CAM)系统,可以实现产品的精确建模和加工,保证了产品质量的一致性。严格的质量控制和检验手段也是确保产品质量的关键。这包括在生产过程中进行定期的抽检和全检,以及采用各种检测设备和技术,如三坐标测量机、超声波探伤等,来检查产品的尺寸、形状、表面粗糙度等参数是否符合标准要求。一旦发现问题,应及时调整生产工艺或设备参数,以防止质量问题的进一步扩大。此外,降低废品率对于提高生产效率和节约资源具有重要意义。废品不仅浪费了原材料和能源,还增加了处理成本和环境负担。因此,企业应采取有效的措施来预防和减少废品的产生,如优化工艺流程、加强员工培训、引入自动化设备等。

5. 供应链协同与生产管理

机械制造技术不仅直接影响生产过程,还对供应链协同和生产管理产生深远影响。高效的供应链管理和生产控制是提高整体效率的关键。通过与供应商的紧密合作,企业可以优化物料供应流程,确保原材料的质量、数量和交货时间符合生产需求。例如,采用电子数据交换(EDI)等信息技术手段,可以实时共享库存信息和订单状态,减少不必要的沟通成本和等待时间。良好的客户关系管理也是提升生产效率的重要途径。通过了解客户需求和反馈,企业可以及时调整产品设计和生产工艺,以满足市场变化。同时,优质的售后服务也能提高客户满意度,提升复购率,从而稳定企业的销售业绩。此外,先进的生产管理系统如企业资源计划(ERP)、制造执行系统(MES)等,能够帮助企业实现生产过程的精细化管理。这些系统可以实时监控生产线运行状态,预测潜在问题,提前采取措施,避免生产停滞或延误。

（三）机械制造与企业生产成本的关联

机械制造与企业生产成本之间存在密切的关联,这种关联体现在多个层面,从原材料的选择、生产过程的效率到设备的维护和管理。

1. 原材料选择与成本

在机械制造过程中,原材料的选择是一个至关重要的环节,它直接关系到生产成本和产品质量。高质量的原材料虽然成本较高,但它们通常具有更好的稳定性和可靠性,能够在生产过程中减少次品和维修成本。这是因为高质量的原材料在制造过程中能够更好地抵抗各种工艺应力和环境变化,从而生产出更稳定、更耐用的产品。然而,如果企业为了降低成本而选择低质量的原材料,虽然短期内可能会节省成本,但长期来看,这种做法可能会带来更大的风险。低质量的原材料可能导致产品质量下降,增加次品率和维修成本。这不仅会影响企业的声誉和市场竞争力,还可能导致客户流失和售后服务成本的增加。因此,企业在选择原材料时,应综合考虑成本和质量因素,选择适合自身产品特点和市场需求的原材料。通过合理的原材料选择,企业可以在保证产品质量的同时,实现生产成本的优化和控制。

2. 生产效率与成本

机械制造的效率对于企业的生产能力和成本结构具有决定性的影响。高效的机械制造设备和技术不仅能显著提高生产速度,降低单位产品的生产成本,还能帮助企业实现快速响应市场变化,提升整体竞争力。高效率的机械设备通常具备自动化、智能化的特点,能够减少人力投入,避免人为错误,提高生产精度和一致性。同时,先进的技术如计算机辅助设计(CAD)、计算机辅助制造(CAM)等可以缩短产品开发周期,加速新产品的上市时间。通过采用精益生产、持续改进等管理理念和方法,企业可以不断优化生产流程,消除浪费,提高资源利用率。例如,实施 5S 管理(整理、整顿、清扫、清洁、素养)可以帮助企业改善工作环境,提高员工的工作效率和满意度。然而,低效率的生产过程可能导致长时间的生产周期和高昂的人工成本,从而增加总体成本。这不仅会削弱企业的盈利能力,还可能影响其在市场中的竞争地位。因此,企业在进行机械制造时,应注重引进和应用高效的技术和设备,同时结合现代化的生产管理理念,不断提高生产效率,降低成本,以实现可持续发展。

3. 设备维护与管理成本

机械制造设备的正常运行和使用寿命的延长,往往依赖于定期的维护和管理。这些维护成本包括但不限于定期的检查、维修、更换零部件等。只有进行有效的设备维护和管理,才能确保设备的稳定运行,减少故障的发生和停机时间,从而降低生产成本。定期的设备检查是发现潜在问题的关键环节。通过定期的设备检查,可以及时发现设备的小问题,并在它们发展成大问题之前进行修复,避免了因设备故障导致的生产中断和额外的维修费用。及时地维修和更换零部件也是保障设备性能的重要措施。设备长时间运行后,某些部件可能会磨损或损坏,影响设备的性能和效率。定期地维修和更换零部件能够确保设备始终保持良好的工作状态,提高生产效率。此外,设备的维护和管理还需要配合完善的设备使用和操作规程,以及对员工进行相关的培训。这样既能防止因不当操作导致的设备损坏,又能提升员工的操作技能,进一步提高设备的使用效率。

4. 技术创新与成本优化

随着机械制造技术的不断创新和进步,企业迎来了降低成本的宝贵机遇。新技术的引入不仅提升了生产效率,更助力企业在原材料消耗和能源使用上实现显著节约。这意味着在生产相同数量的产品时,企业能够减少资源的消耗,进而降低总体成本。同时,技术创新还推动了产品设计的优化,为企业提供了更加高效、精简的生产方案。这不仅减少了生产过程中的浪费,还为企业带来了更为合理的成本结构。因此,机械制造技术的创新不仅是企业提升竞争力的关键,更是实现成本优化和可持续发展的有力支撑。

5. 质量控制与成本

机械制造过程中的质量控制不仅对减少次品和废品至关重要,同时对于企业降低成本、提升声誉也具有深远影响。通过提高产品质量,企业可以减少售后维修和更换的频率,从而降低与产品质量相关的成本,包括人力、物力以及时间等资源的投入。有效的质量控制体系能够确保产品在生产过程中的每个环节都达到预定的质量标准,避免因质量问题引发的退货、投诉等情况,从而降低企业的经济损失。此外,高质量的产品还可以增强消费者的购买信心,帮助企业树立良好的品牌形象,吸引更多的客户,从而带来更高的销售额和利润。更重要的是,有效的质量控制体系可以帮助企业避免潜在的法律风险。如果产品质量不合格,可能会导致消费者权益受损,企业因此可能面临法律诉讼和赔偿责任,这无疑将对企业造成严重的经济和声誉损失。而通过严格的质量控制,企业可以预防这些问题的发生,保护自身免受不必要的法律风险。

第二节　机械制造与维修的未来发展方向

一、技术创新与智能化发展

(一)先进制造技术的应用

1. 机器人技术与自动化设备

在先进制造技术中,机器人技术与自动化设备的应用正逐渐成为制造业转型的核心。这些技术的融合不仅显著提高了生产效率,还优化了产品质量,降低了生产成本,并在很大程度上解决了传统制造中的人力资源瓶颈问题。机器人技术以其高精度、高效率、高灵活性的特点,在制造业中发挥着不可替代的作用。工业机器人能够执行复杂的操作任务,替代人类在恶劣或危险的工作环境中作业,如高温、高压、有毒有害等环境。此外,协作机器人和新型物流机器人等领域的发展,使得机器人技术在不同生产环节中的应用更加广泛。自动化设备则是机器人技术的有力补充。这些设备能够按照预设的程序进行高精度、高效率的自动化生产,极大地提高了生产效率和产品质量。同时,自动化设备还具有高度的可编程性和可扩展性,能够根据生产需求进行灵活调整和优化。机器人技术与自动化设备的结合应用,为制造业带来了革命性的变革。它们不仅能够提高生产效率,降低生产成本,还能够优化产品质量,提高产品竞争力。随着技术的不断发展和进步,机器人技术与自动化设备将在制造业中发挥更加重要的作用,推动制造业向更高水平发展。同时,这也将对机械制造与维修领域提出更高的要求和挑战,需要不断加强技术研发和创新,以适应新的生产需求和技术标准。

2. 增材制造与 3D 打印技术

在现代制造技术中,增材制造(Additive Manufacturing, AM)或称 3D 打印技术,以其独特的优势成为引领先进制造技术变革的关键力量。该技术通过逐层累加材料的方式,从数字模型直接构建三维实体,实现了从虚拟到实体的无缝转换。增材制造的核心在于其逐层堆积材料的原理。通过将数字模型切片成多个薄层,3D 打印机能够精确地控制材料在垂直方向上的堆积,从而逐层构建出整个物体。这种技术不需要传统的模具或工具,极大地提高了制造的灵活性和效率。3D 打印技术的另一个重要优势是其广泛的材料适应性。从金属粉末、塑料、陶瓷到生物材料,几乎所有的材料都可以通过 3D 打印技术实现成型。这为设计师和工程师提供了前所未有的创造空间,使得复杂结构和高性能部件的制造成为可能。增材制造技术在多个领域都有广泛的应用。在航空航天领域,3D 打印技术被用于制造轻质、高强度的复杂结构部件,如发动机燃烧室、飞机零部件等。在医疗领域,该技术被用于制造定制化的生物植入物和医疗器械,如人工关节、牙科植入物等。此外,在建筑、汽车、电子等领域,3D 打印技术也发挥着重要作用。

3. 精密加工与超精密加工技术

在先进制造技术的广泛领域中,精密加工与超精密加工技术占据着至关重要的地位。这些技术能够实现对材料微观结构的精确操控,从而制造出高精度、高质量的产品,满足现代工业对制造精度和表面质量日益增长的需求。精密加工技术是指在微米级范围内进行的加工过程,旨在实现零件的高精度和高表面质量。这种技术通常包括精密切削、精密磨削、精密研磨和抛光等工艺。通过优化切削参数、选择合适的刀具和磨料,以及控制加工环境和工艺过程,精密加工技术能够实现零件的微米级精度和光滑的表面质量。超精密加工技术则是指在纳米级甚至亚纳米级范围内进行的加工过程。这种技术主要用于制造高精度、高表面质量的光学元件、半导体器件和精密机械零件等。超精密加工技术包括超精密切削、超精密磨削、超精密研磨和超精密抛光等工艺。通过采用先进的加工设备、控制技术和纳米级精度的测量手段，超精密加工技术能够实现零件纳米级的精度和极高的表面质量。精密加工与超精密加工技术在多个领域都有广泛的应用。在航空航天领域，这些技术用于制造高精度、高可靠性的零部件，如发动机叶片、轴承和齿轮等。在光学领域，它们用于制造高质量的光学元件，如透镜、反射镜和光学干涉仪等。此外，在半导体工业、精密仪器制造和医疗器械等领域，精密加工与超精密加工技术也发挥着重要作用。

（二）智能化维修系统的开发与应用

1. 远程监控与云服务

随着信息技术的飞速发展，智能化维修系统已经成为提高设备维护效率和降低运营成本的关键手段。其中，远程监控与云服务作为智能化维修系统的核心组件，发挥着至关重要的作用。远程监控技术允许维修人员实时获取设备的运行状态、性能参数和故障信息，从而实现对设备的远程监控和故障诊断。通过安装传感器和数据采集设备，设备的关键信息可以实时传输到远程监控中心。维修人员可以通过分析这些数据，及时发现潜在问题，制订维修计划，并在必要时进行远程干预，减少设备停机时间。云服务为智能化维修系统提供了强大的数据处理和存储能力。通过云计算平台，可以实现对大量设备数据的集中存储和高效处理。维修人员可以利用云服务提供的分析工具，对设备数据进行深入挖掘和分析，发现设备运行规律和故障模式，为制定更加精准的维护策略提供支持。智能化维修系统的开发与应用带来了显著的优势，包括提高维修效率、降低运营成本、减少设备停机时间等。然而，同时也面临着一些挑战，如数据安全、网络稳定性，以及维修人员技能提升等问题。随着物联网、大数据和人工智能等技术的不断发展，智能化维修系统将迎来更加广阔的发展空间。未来，我们可以期待更加智能、高效的远程监控和云服务技术，为设备维护提供更加全面、精准的支持。同时，也需要关注数据安全和隐私保护等问题，确保智能化维修系统的健康发展。

2. 人工智能与大数据在维修决策中的应用

智能化维修系统是近年来随着人工智能和大数据技术的发展而新兴的一种应用领域。该系统将 AI 与大数据技术应用于设备的维护决策中，通过预测性维护、故障诊断以及优化维修策略等方式，提高设备运行效率，降低维修成本。人工智能在维修决策中的应用主要体现在两个方面：一是预测性维护，二是故障诊断。预测性维护是指利用 AI 技术对设备的运行数据进行分析，提前预测设备可能出现的故障，从而实现预防性维护，减少设备停机时间，提高设备运行效率。故障诊断则是指当设备出现故障时，通过 AI 技术对故障原因进行快速准确的判断，为维修决策提供依据。大数据在维修决策中的应用主要体现在数据分析和优化维修策略两个方面。数据分析是指通过对设备运行数据的大数据分析，发现设备运行的规律和问题，为维修决策提供支持。优化维修策略则是指通过对设备维修历史数据的大数据分析，找出最有效的维修方法和时机，以降低维修成本，提高设备运行效率。

二、人才培养与教育创新

(一)专业技能人才的需求与培养

1. 机械制造与维修专业教育

随着全球工业的快速发展，机械制造与维修领域对专业技能人才的需求日益迫切。这一需求不仅体现在数量的增长上,更体现在对人才质量的高要求上。因此,机械制造与维修专业教育在培养专业人才方面扮演着至关重要的角色。在机械制造与维修领域,要求人才具备扎实的机械制造与维修技术基础,能够熟练掌握各种机械设备的操作和维护技能。随着技术的不断进步,要求人才具备创新思维和创新能力,能够应对复杂多变的工作环境和挑战。机械制造与维修工作往往需要多人协作,因此要求人才具备良好的团队合作能力和沟通能力。

2. 跨学科人才培养与创新能力提升

在当前全球化和科技快速发展的背景下,专业技能人才的需求与培养成为社会关注的焦点。特别是在跨学科人才培养与创新能力提升方面,更显得尤为重要。从需求角度看,随着社会经济的发展,各行各业对专业技能人才的需求日益增加,特别是对于具有跨学科背景和创新能力的人才需求更为迫切。这些人才不仅需要掌握专业的知识和技能,还需要具备跨学科的知识视野和创新思维,能够在复杂的环境中解决实际问题。从培养角度来看,如何有效地培养出满足社会需求的专业技能人才,尤其是跨学科人才和创新型人才,是一个亟待解决的问题。这需要我们在教育体系、教学方法以及评价机制等方面进行改革和创新。例如,我们可以打破传统的学科界限,推行跨学科的教学模式,鼓励学生多学科交叉学习;我们还可以通过实践教学、项目合作等方式,提高学生的实践能力和创新能力。

(二)教育模式与方法的创新

1. 在线教育与远程培训

随着信息技术的飞速发展,教育领域正经历着前所未有的变革。其中,在线教育与远程培训作为新兴的教育模式与方法,以其独特的优势和广泛的应用前景,成为教育领域创新的重要组成部分。在线教育通过互联网平台,将优质的教育资源与学习机会普及到更广泛的受众群体。它突破了传统教育的时空限制,使得学习者可以在任何时间、任何地点进行学习。同时,在线教育也提供了更加灵活的学习方式,如自主学习、协作学习等,满足了不同学习者的个性化需求。在在线教育中,教育者可以利用多媒体、交互式工具等技术手段,丰富教学内容,提高教学效果。学习者则可以通过在线测试、学习社区等方式,与教育者和其他学习者进行互动,分享学习经验,解决问题。

远程培训是在线教育的一种重要形式,它主要针对成人学习者,以职业技能提升为主要目标。远程培训具有灵活、便捷、高效等特点,能够满足成人学习者在工作、生活等方面的多重需求。通过远程培训,成人学习者可以在不影响工作、生活的前提下,随时随地进行学习。同时,远程培训还可以提供个性化的学习路径和定制化的课程内容,帮助学习者快速提升职业技能和竞争力。

在线教育与远程培训的出现,不仅拓宽了教育的边界,也推动了教育模式与方法的创新。它们打破了传统教育的固定模式,使得教育更加符合学习者的实际需求和学习习惯。同时,在线教育与远程培训也促进了教育资源的优化配置和共享。通过互联网平台,优质的教育资源可以迅速传播到各个角落,使得更多人受益。此外,在线教育与远程培训还推动了教育评价的多元化和科学化,为教育质量的提升提供了有力支持。

2. 产学研一体化教育模式

随着知识经济时代的到来,传统的教育模式已经难以满足社会对创新型人才的需求。产学研一体化教育模式应运而生,它将产业界、学术界与研究机构紧密结合,共同培养具备实践能力与创新精神的高素质人才。产学研一体化教育模式强调产业、学术和研究之间的深度融合与互动。它旨在打破传统教育模式下学校与企业、研究机构之间的隔阂，通过共同制订培养计划、共享教育资源、开展合作项目等方式，实现教育、科研与生产的有机结合。在这种模式下，学生可以更早地接触到实际的工作环境，了解产业需求和发展趋势，从而有针对性地提升自己的实践能力和创新意识。

产学研一体化教育模式可以实现学校、企业与研究机构之间的资源共享，包括师资力量、实验设备、科研成果等。这不仅可以提高教育资源的利用效率，还可以为学生提供更加丰富的实践机会。通过产学研一体化教育模式，学生可以更早地接触到实际的工作环境，了解产业需求和发展趋势。这种以实践为导向的学习方式有助于培养学生的实践能力、创新精神和团队协作能力，从而提升人才培养质量。产学研一体化教育模式可以加强学校与企业、研究机构之间的合作，促进科研成果的转化和应用。这不仅可以推动产业发展，还可以为学校带来更多的科研经费和资源支持。

三、行业趋势与展望

（一）机械制造与维修行业的未来发展趋势

机械制造与维修行业作为工业领域的重要组成部分，其发展趋势直接影响着全球工业的进步。随着科技的不断进步和市场的日益变化，机械制造与维修行业正面临着一系列深刻的变革。

1. 技术创新驱动

技术创新无疑是推动机械制造与维修行业发展的核心动力。未来，随着新材料、新工艺、新技术的不断涌现，我们有理由相信，机械制造将更加高效、精确和灵活。其中，3D 打印技术有望在复杂结构零件制造中发挥更大的作用，它不仅能减少材料浪费，还能大幅缩短加工时间，从而提高生产效率。此外，数字化和虚拟化技术也将更广泛地应用于产品设计和制造过程中。通过模拟真实环境,这些技术可以帮助工程师提前发现问题,优化设计方案,并实现产品设计、仿真、优化和制造的无缝衔接。这不仅有利于提高产品质量,也能降低制造成本,使企业在激烈的市场竞争中保持优势。

2. 智能化发展

智能化无疑是机械制造与维修行业的重要发展方向。随着智能制造系统的广泛应用,我们可以预见,未来的生产效率和产品质量将得到显著提升。通过集成传感器、控制器、执行器等智能元件,机械设备将不再仅仅是简单的工具,而是具备了自适应、自学习、自维护等智能功能的"智慧"伙伴。例如,在面对复杂的工作环境或任务时,智能设备能够自动调整工作参数,以实现最佳的作业效果。同时,它们还能从每一次操作中学习并积累经验,不断提高自身的性能和能力。此外,通过自我诊断和预警,智能设备还能提前发现潜在的问题,并自主进行必要的维护,从而大幅降低停机时间和维修成本。除了设备本身的智能化,物联网和大数据技术的应用也将对整个生产线的运行产生深远影响。通过实现设备之间的互联互通和智能管理,我们可以实时监控和分析生产线上的各种数据,及时发现问题,优化工艺流程,提高整个生产线的协同效率。这不仅有利于提高生产效率,也有利于保障产品质量,使企业在市场竞争中立于不败之地。

3. 可持续性趋势

面对全球资源紧张和环境压力,机械制造与维修行业正面临严峻挑战。为了实现可持续发展,绿色制造和循环经济的理念必须贯穿于产品设计、制造、使用和维修的全过程。在产品设计阶段,我们需要充分考虑产品的环保性和节能性。通过采用可再生或易回收的环保材料,以及高效节能的生产工艺,可以大幅减少能源消耗和环境污染。同时,我们还需要优化产品结构,提高其耐用性和可维护性,从而降低更换新设备的频率,减少废弃物的产生。在制造过程中,我们应该积极推广清洁生产方式,如零排放、零污染等,以最大限度地减少对环境的影响。此外,还可以通过改进工艺流程、提高生产效率等方式,进一步节约资源、降低能耗。在产品使用阶段,我们应提供全方位的售后服务和技术支持,帮助用户正确使用和维护设备,延长其使用寿命。同时,我们还应建立完善的回收体系,确保废弃设备得到妥善处理和再利用。在维修阶段,我们可以通过现代化的检测手段和先进的修复技术,尽可能地恢复设备的性能,延长其使用寿命。同时,对于无法修复的设备,我们应当将其拆解,将有价值的零部件进行回收再利用。

4. 环境影响与监管

随着环境保护意识的增强,社会公众对机械制造与维修行业的环保监管将更加严格。这意味着企业不仅需要遵守现有的环保法规和标准,还需要不断适应新的环保要求。企业应建立完善的环保管理体系,确保所有的生产活动都符合相关的环保规定。这包括但不限于采用环保材料、实施节能技术、减少废弃物排放等措施。企业还应当关注产品的环境影响评价和生命周期评估。通过这些评估,企业可以了解产品在设计、制造、使用和废弃阶段对环境的影响,从而采取针对性的改进措施。例如,优化产品设计,提高能源效率;采用可回收或生物降解的材料,减少废弃物的产生;提供有效的回收服务,促进资源的循环利用。此外,企业还应该加强与供应链伙伴的合作,共同推动环保理念的落地。例如,选择具有环保资质的供应商,推广绿色采购;鼓励合作伙伴实施清洁生产,降低整个产业链的环境影响。企业还需要加强内部培训和对外宣传,增强员工的环保意识,赢得消费者的认同和支持。只有这样,企业才能在满足环保要求的同时,实现可持续的商业发展。

(二)新兴技术的应用与市场前景

1. 新兴技术在机械制造中的应用

随着科技的进步,3D 打印技术为复杂结构零件的制造带来了革命性的变革。该技术通过逐层堆积材料,摆脱了传统切削加工的局限,实现了零件的快速生产。这一特点在原型制作、定制化生产和小批量生产中尤为突出,不仅缩短了生产周期,还降低了成本。与此同时,数字化与虚拟化技术也在机械制造领域大放异彩。CAD、CAE、CAM 等数字化工具广泛应用于产品设计、仿真和制造过程,大幅提高了设计的精确性和生产效率。此外,虚拟现实(VR)和增强现实(AR)等虚拟化技术为设计师和工程师提供了全新的视角,使他们能够在虚拟环境中模拟和优化产品制造过程,进一步提升了制造精度和效率。智能制造系统则是集传感器、控制器和执行器于一体的先进制造系统。通过实时监控和数据分析,这些系统能够自动化地调整生产流程,优化资源配置,从而显著提高产品质量和生产效率。

2. 新兴技术在机械维修中的应用

随着物联网技术的发展,远程故障诊断与维护已成为可能。机械设备能实时传输运行数据至远程服务器,使工程师能够不亲临现场就诊断故障并提供维护支持。这种方式不仅提高了效率,还减少了因故障导致的生产延误。同时,预测性维护通过分析机械设备的历史和实时监测数据,能预测其维护需求。这为企业提供了提前安排维护计划的机会,降低了设备停机时间,从而提高了生产效率。此外,智能维修机器人正逐渐取代人工执行复杂维修任务。它们能在危险或难以接近的环境中工作,不仅提高了维修作业的安全性,还显著提升了效率。这些技术革新正在深刻改变机械制造与维修领域的面貌,为企业带来了更高的运营效率和更低的维护成本。

3. 市场前景

随着制造业的转型升级和智能制造的快速发展,机械制造与维修领域对新兴技术的需求将持续增长。预计未来几年,增材制造、数字化与虚拟化技术、智能制造系统以及远程故障诊断与维护等技术将在该领域得到更广泛的应用。同时,随着 5G、物联网等基础设施的普及和完善,以及人工智能和大数据技术的不断进步,机械制造与维修领域的智能化水平将得到进一步提升。这将推动该领域的服务模式和商业模式创新,为企业带来更大的竞争优势和市场空间。然而,新兴技术的应用也面临着技术成熟度、市场接受度、人才培养等方面的挑战。因此,企业和研究机构需要加大研发投入,推动技术创新和人才培养,以适应市场的快速发展和变化。

参 考 文 献

[1]兰静伟,郭志芳.机械制造技术中数控技术应用分析及研究
　　[M].北京:清华大学出版社,2009.

[2]冯辛安.机械制造装备设计[M].北京:机械工业出版社,2006.

[3]吴拓.机械制造工艺与机床夹具[M].北京:机械工业出版
　　社,2011.

[4]李士军.机械维修技术[M].北京:人民邮电出版社,2007.

[5]周师圣.机械维修与安装[M].北京:冶金工业出版社,2001.

[6]邢恒远,孟宪庄,陈娜.3D打印技术在机械制造领域中的应用
　　[J].机电工程技术,2021,50(04):209-210+284.

[7]马苍平,李素兰,洪善慧.现代机械制造技术及其发展趋势研
　　究[J].产业创新研究,2022(18):88-90.

[8]石鹏,邓嫄媛,周黎明,等.现代数字化设计制造技术在机械设
　　计制造上的应用[J].南方农机,2022,53(14):146-148.

[9]周东瀛.现代机械制造技术与加工工艺的应用探究[J].黑龙
　　江科学,2022,13(06):97-99.

[10]杨鲁芸,赵尊章.现代机械制造技术与加工工艺的运用分析
　　[J].内燃机与配件,2021(19):167-168.

[11]吴健,郭婧芳.机械故障检测技术及维修措施[J].中国设备
　　工程,2023(12):168-170.

[12]曾祥菹,徐勇军.机械故障检测诊断技术在机电设备管理中
　　的运用[J].现代制造技术与装备,2023,59(03):219-221.

[13]陈元博.数控技术在机械制造业中的应用及发展研究[J].农机使用与维修,2024(01):46-48.

[14]邢献中.智能制造中数控加工和仿真技术研究[J].当代农机,2023(12):52-53+56.

[15]温艳群.数控加工技术在机械加工制造中的应用[J].造纸装备及材料,2023,52(12):103-105.

[16]王文鑫.机械制造中的智能化技术研究[J].农机使用与维修,2024(01):53-56.

[17]刘政君,宋冬雪,牛冠凯.柔性制造系统刀具调度问题研究[J].新型工业化,2024,14(01):93-101.

[18]仕双云,付武涛,简飞.柔性制造技术的发展及在军工生产领域的应用[J].中国科技信息,2023(13):155-158.

[19]罗洋洋,张喜玲.状态监测与故障诊断技术在化工设备维护中的应用[J].山西化工,2023,43(11):129-130+133.

[20]郭卫忠,黄建新.智能"远程运维"平台信息化管理和状态监测及故障诊断技术结合运用案例分析[J].新疆钢铁,2023(04):31-33.

[21]宋和义,符豪.船舶机械设备状态监测与故障诊断技术研究[J].船舶物资与市场,2023,31(08):84-86.

[22]孙逢亮.油田机械设备状态监测与故障诊断技术研究[J].中国设备工程,2023(16):163-165.

[23]张旭冉,颜世东,杨望灿.舰载机远程维修支援系统功能设计研究[J].航空维修与工程,2023(12):33-36.

[24]陈家平.基于AR技术的工程机械远程辅助维修系统分析[J].现代制造技术与装备,2021,57(08):161-162.

[25]谭经松,陈霁恒,刘星.基于信息物理系统的智能化维修方法研究[J].信息与电脑(理论版),2021,33(18):122-124.

[26]王凯弘,刘晓英.激光再制造技术及其应用发展研究[J].中国设备工程,2021(01):195-196.

[27]王心亮.机械设备安全管理与维护的现存问题及策略[J].造纸装备及材料,2023,52(12):40-42.

[28]贾小亮.机械设备安全防护装置选型安装及安全距离确定方法[J].自动化应用,2023,64(22):215-217+220.

[29]陈晓琳.机械作业安全风险智能识别技术[J].设备管理与维修,2023(22):47-49.

[30]洪可迪.绿色制造技术在机械制造过程中的应用研究[J].造纸装备及材料,2022,51(07):135-137.